Duden

W0364548

Frag dein Mathe-Team

5. Klasse

Neues Erklärprinzip –
von Schülern für Schüler

Dudenverlag
Berlin • Mannheim • Zürich

Bibliografische Information der Deutschen Nationalbibliothek
Die Deutsche Nationalbibliothek verzeichnet diese Publikation in der Deutschen Nationalbibliografie; detaillierte bibliografische Daten sind im Internet über http://dnb.d-nb.de abrufbar.

 D C B A
Bibliographisches Institut GmbH
Bouchéstraße 12, 12435 Berlin

Redaktionelle Leitung Simone Senk
Redaktion Dr. Wiebke Salzmann
Autorin Bärbel Volmer
Illustrationen Carmen Strzelecki; blatteins, Freiburg

Herstellerische Leitung Annette Scheerer
Herstellung Ursula Fürst
Layout Patricia Müller, Berlin
Umschlaggestaltung X-Design, München
Umschlagabbildungen shutterstock.com / Julien Tromeur, shutterstock.com / Real Illusion
Satz Katrin Kleinschrot, Stuttgart
Druck und Bindung Stürtz GmbH
Alfred-Nobel-Straße 33, 97080 Würzburg
Printed in Germany

ISBN 978-3-411-72036-1

INHALT

1 NATÜRLICHE ZAHLEN

2 RECHNEN MIT NATÜRLICHEN ZAHLEN

3 RECHNEN MIT GRÖSSEN

4 GANZE ZAHLEN

5 GRUNDBEGRIFFE DER GEOMETRIE

6 TEILBARKEIT

7 BRUCHRECHNUNG

8 FLÄCHEN UND KÖRPER

1 NATÜRLICHE ZAHLEN

BEISPIEL

23 573 009 538
oder in Worten:
dreiundzwanzig Milliarden fünfhundertdreiundsiebzig Millionen neuntausendfünfhundertachtunddreißig
Gerundet auf Tausender sind das:
23 573 010 000

VERWENDUNG

Große Zahlen braucht man, um zum Beispiel Einwohnerzahlen von Städten oder Ländern anzugeben.
Mit **gerundeten Zahlen** lässt sich schnell **ein Überblick über ein Rechenergebnis** gewinnen.

WIEDERHOLEN

Damit sollten wir uns eigentlich schon auskennen:
- Zahlen bis 1 000 000
- Zahlen aufschreiben und vergleichen
- Zahlenstrahl

KrizZy

Hi Leute! Stellt euch mal vor, meine Oma hat bei der letzten Lottoziehung 12589623 € gewonnen. Die Zahl ist ja riesig! Hat acht Ziffern! Wie viel ist denn das? Ist Oma jetzt Millionärin?

?

Einstein

Hallo KrizZy, das haben wir gleich: Du musst nur systematisch an die Sache rangehen. Bilde von hinten immer Dreierblöcke aus den Ziffern. Dann kannst du die Größe der Zahl einschätzen. Mach dir am besten immer nach 3 Stellen von hinten einen Hilfspunkt oder ein Leerzeichen.

zero

Hi, ich hab mit diesen riesigen Zahlen auch immer Probleme. 😵 Ich mach mal kurz mit, o.k.? Also mit Leerzeichen sieht das dann so aus:
12 589 623. Aber lesen kann ich das immer noch nicht. Wie groß ist die Zahl denn nun?
Ist KrizZys Oma Millionärin? ☹

?

Einstein

Hattet ihr die ***Stellenwerttafel*** noch nicht? Wenn du große Zahlen in eine Stellenwerttafel schreibst, siehst du gleich, was für eine Zahl das ist. Ich schreib dir hier den Lottogewinn mal hin.
Rechts steht die kleinste, links die größte Stelle. Ich hab mal Hunderter mit H, Zehner mit Z und Einer mit E abgekürzt.

	MILLIARDEN			MILLIONEN			TAUSEND					
	H	Z	E	H	Z	E	H	Z	E	H	Z	E
12 589 623 =					1	2	5	8	9	6	2	3

KrizZy

Super – jetzt kann ich das lesen! Meine Oma hat zwölf Millionen fünfhundertneunundachtzigtausendsechshundertdreiundzwanzig Euro gewonnen. Dann ist sie ja tatsächlich eine Millionärin! Wow! ☺

zero

Krass! Dann seid ihr ja jetzt voll reich! Aber mal kurz zu dieser Stellenwerttafel: Ist die denn immer dieselbe? Immer gleich aufgebaut?

?

Einstein

Ja klar. Unsere Zahlen sind doch im **Zehnersystem** geordnet, d. h., es gibt nur die zehn Ziffern 0, 1, 2, 3, 4, 5, 6, 7, 8 und 9. Eine Ziffer kann unterschiedliche Werte annehmen, je nachdem, an welcher Stelle innerhalb einer Zahl sie steht. Und die nächsthöhere Stelle kriegst du im Zehnersystem immer durch die Multiplikation mit 10:

1	Eins	1 000	Tausend
10	Zehn	10 000	Zehntausend
100	Hundert	100 000	Hunderttausend

KrizZy

Ach so. Und immer wenn man drei Stellen mehr hat, bekommt die Zahl einen neuen Namen? Erst Tausend, dann Millionen, dann Milliarden – oder? Und wie geht es weiter?

Einstein

Billionen, Billiarden ... Besser, ich schreib das hin:

1000	Tausend
1 000 000	Million
1 000 000 000	Milliarde
1 000 000 000 000	Billion
1 000 000 000 000 000	Billiarde
1 000 000 000 000 000 000	Trillion

zero

Na toll, bei so vielen Nullen nützen die Dreierpäckchen auch nichts mehr. Wie soll man denn die jedes Mal alle zählen, bis man weiß, welche Zahl das ist? Schon bei 'ner Milliarde kann ich das nicht mehr überblicken.

Einstein

Nee, du musst nicht immer Dreierpäckchen zählen. Es gibt da noch eine andere Möglichkeit. Du kannst die Zahl auch als **Zehnerpotenz** schreiben. Dazu zählst du die Nullen und schreibst deren Anzahl als kleine Zahl oben an eine Zehn:

1 000 000 000 hat 9 Nullen, wird also als 10^9 geschrieben. So wird sogar eine Milliarde einfacher zu lesen, aber ums Zählen kommst du trotzdem nicht herum.

1 **Lies und schreibe die folgenden Zahlen in Worten.**

a | 1 256 888
b | 23 568 987
c | 951 753 000
d | 1 000 589 230

2 **Lass dir folgende Zahlen diktieren und schreibe sie in Worten auf.**

a | 1589
b | 777 852 654
c | 5 000 678 000
d | 79 058 580 508

3 **Lass dir folgende Zahlen vorlesen und schreibe sie in Ziffern auf.**

a | viertausenddreihundertsieben
b | fünfundzwanzig Millionen zweihundertfünfzigtausend-zweiundfünfzig
c | dreiundneunzig Milliarden siebenundzwanzigtausend-dreihundert
d | achthundert Milliarden acht Millionen fünfhundertfünf-tausendfünfzig

4 **Schreibe die folgenden Zahlen in Ziffern.**

a | drei Millionen fünfundachtzigtausendsiebenhundert-zweiundneunzig
b | zweihundertelf Milliarden achthundertsiebenunddreißig Millionen siebenhundertsiebenundvierzigtausendfünf-hundertfünfzig

5 **Ordne die Zahlen der Größe nach. Beginne mit der kleinsten Zahl. Schreibe in dein Heft.**

1 | 1 000 250 687
2 | eine Milliarde zweihundertfünfzigtausendsechshundert-siebenundachtzig
3 | 1 000 025 687
4 | eine Milliarde zweihundertfünfzigtausendsechshundert-achtundsiebzig
5 | 1 001 250 687
6 | eine Milliarde zweiundfünfzigtausendsechshundertsieben-undachtzig

6 **Deutschland hatte 2011 Schulden in Höhe von 2 060 589 753 199 €. Wie viele Euro sind das? Schreibe als Zahlwort in dein Übungsheft.**

7 **Sortiere die folgenden Städte nach ihrer Einwohnerzahl. Schreibe sie in der neuen Ordnung in die leere Tabelle darunter.**

STADT	EINWOHNER
Köln	1 007 119
München	1 350 423
Hamburg	1790 Tausend
Stuttgart	605 999
Mannheim	313 Tausend
Hannover	522 679

STADT	EINWOHNER

8 **Um zu beschreiben, was du über die Erde weißt, brauchst du auch oft große Zahlen. Schreibe mit Ziffern.**

Die Erde ...
- hat einen Umfang von ca. vierzigtausendeinhundert Kilometern;
- hat einen Durchmesser von ca. zwölftausendsiebenhundert Kilometern;
- wiegt ca. 5 Trilliarden 970 Trillionen Tonnen;
- ist ca. 4 Milliarden 600 Millionen Jahre alt;
- beherbergt etwa 7 Milliarden 128 Millionen fünfhundertachtzigtausendsechshundertneunzig Menschen.

9 **Beantworte die Fragen.**

a | Welches ist die größte sechsstellige Zahl? 999999

b | Benenne die kleinste fünfstellige Zahl. 10000

c | Welche Zahl ist um 1 größer als die größte vierstellige Zahl?

10 000

d | Wie viele Nullen hat eine Million? 6

10 **Schreibe die folgenden Zahlen als Zehnerpotenz.**

a | eine Billiarde
b | 10 Trillionen
c | Zehntausend
d | 5 Milliarden
e | siebenhundertachtzig Millionen

11 **Notiere die Zahl, die im Zehnersystem vor der angegebenen Zahl steht.**

a | zwei Millionen
b | 12 123 000 000
c | eine Milliarde

12 **Frau Simmler hat im Lotto vierhundertachtundzwanzigtausend Euro gewonnen. Wie viele Euro fehlen ihr bis zu einer Million?**

zero

Ich kapier die Hausaufgabe mit den **römischen Zahlen** nicht. Hier steht: XXXIV. Was soll denn das? Wozu brauch ich die denn noch?

PacPoc

So haben die Römer (Cäsar und so) geschrieben. Auf alten Uhren findet man die oft, und manchmal bei Nummerierungen. Ich glaub, da gibt es Regeln.

Einstein

Genau. Die Römer nutzten statt Zahlzeichen Buchstaben für ihre Zahlen. Es gab aber nur für bestimmte Zahlen Buchstaben – für 1, 10, 100 usw. und für 5, 50, 500. I bedeutet z. B. 1. Das sind die anderen:

V = 5	**X = 10**	**L = 50**
C = 100	**D = 500**	**M = 1000**

zero

Aha. Und wie schreib ich mit den paar Buchstaben dann richtige Zahlen? So was wie 2145? 😟

Einstein

Dafür gibts die Regeln, die PacPoc meinte. Also hier mal für alle: 😉

- Stehen gleich große Zahlen nebeneinander oder kleinere Zahlen hinter einer größeren, addierst du einfach, VII ist also: 5 + 1 + 1 = 7.
- Es stehen aber nie mehr als 3 gleiche Zahlen hintereinander.
- Steht eine kleinere Zahl links von einer größeren, subtrahierst du sie von der größeren: IX: 10 – 1 = 9.
- Es dürfen aber nur die Zahlen I, X, C von den nächsthöheren Zahlen subtrahiert werden, also I von V oder von X; X von L oder D.

XXXIV ist damit 34; weil du die drei X addierst (10 + 10 + 10 = 30), die I von der V abziehst (5 – 1 = 4) und dann addierst: 30 + 4 = 34.

PacPoc

Und zeros 2145 ist dann: zweimal M für 1000 plus C für 100; die 40 kriegst du aus „X abgezogen von L", also XL, und dann fehlt noch die V für die 5; das macht: MMCXLV.

13 **Schreibe die Zahlen von 10 bis 30 und die Hunderterzahlen von 1000 bis 2000 als römische Zahlen auf.**

14 **Übersetze die folgenden Zahlen in unsere Zahlen.**

a | VII =

b | XIX =

c | CXI =

d | LIII =

e | MCI =

f | MXC =

15 **Übersetze in römische Zahlen.**

a | 34 =

b | 66 =

c | 92 =

d | 200 =

e | 555 =

f | 1987 =

16 **Gib den Vorgänger und den Nachfolger der Zahl an.**

	VORGÄNGER	ZAHL	NACHFOLGER
a		X	
b		XXVIII	
c		DL	

17 **Berechne und gib das Ergebnis als römische Zahl an.**

a | XII – VI =

b | XXIV + XXXVIII =

c | MXCVI – DCIII =

d | MCCXII + MXCVI =

18 Auf alten Bauwerken stehen die Zahlen oft in römischen Ziffern. Was steht wohl ...

a | an dem Olympiastadion von 1896 in Athen, wo die ersten olympischen Spiele der Neuzeit stattfanden?
b | am Kölner Dom, der 1248 gebaut wurde?
c | am Kaufhaus in Celle, welches 1579 erbaut wurde?
d | Die Pyramiden von Gizeh wurden 2620 vor Christus erbaut. Wie lautet das Baujahr in römischen Zahlen?

19 Welche römischen Zahlen sind falsch geschrieben? Schreibe die richtigen in unserem Zahlensystem, dem Zehnersystem.

a | VC
b | MCM
c | MMDCC
d | XVI
e | VXX
f | MMXIL

20 Ergänze so, dass die Rechnungen korrekt sind.

a	b	c
☐ X I X	☐	M C M
+ ☐ I	− X V I I I	− D ☐ ☐
X X X V	X X X I I	M C C

21 Suche den Fehler und korrigiere ihn.

a | CDLXXIV – IL = CDXXXVI
b | MCCXIII + CCX = MDXXII

22 Sortiere die Zahlen der Größe nach.

1 | MMCDI
2 | MMXLI
3 | MMCIV
4 | MMCXL
5 | MMXIV
6 | MMCDX

23 Gegeben ist die römische Zahl MMMDCIX. Wie kannst du durch Ändern einer Ziffer die Zahl um 51 erhöhen?

KrizZy

Hi, kann mir mal jemand helfen? Wir hatten heute **„Runden"** in Mathe. Alles, was ich noch weiß, ist, dass man **aufrunden** und **abrunden** kann. Beim Abrunden wird die Zahl kleiner, beim Aufrunden größer. Aber wozu macht man das?

?

PacPoc

Das weiß ich! Weil man eine Zahl oft gar nicht so genau braucht. Wenn du dir die Einwohnerzahl einer Stadt merken willst, merkst du dir nicht 1 983 658, sondern rundest und merkst dir 2 Millionen Einwohner. Das ist viel leichter zu behalten.

KrizZy

Und wie mach ich das? Das Auf- und Abrunden? Und wann mach ich was – oder ist das egal? 😵

?

Einstein

Nein, das ist nicht egal. Erst überlegst du, auf welche Stelle du runden willst. Dann guckst du, was **dahinter** steht. **Steht da 0, 1, 2, 3 oder 4, rundest du ab; steht da 5, 6, 7, 8, oder 9, rundest du auf.** Hier mal ein Beispiel. Die Zahl soll auf Zehner gerundet werden:

ZT	T	H	Z	E	
1	6	5	9	3	runden auf Zehner
				↑	

Du schaust dir die Einerstelle (Pfeil) an – da steht eine 3, also wird abgerundet: 16 593 ≈ 16 590.
Das geschlängelte Gleichheitszeichen heißt ungefähr!
Willst du auf Hunderter runden, geht es genauso:

1	6	5	9	3	runden auf Hunderter
			↑		

Du schaust dir die Zehnerstelle (Pfeil) an – hier steht eine 9, also wird aufgerundet: 16 593 ≈ 16 600.

KrizZy

O.k., hab ich kapiert. 🤓 Wenn ich 16 593 auf Tausender runde, schau ich auf die Hunderterstelle:
Da steht 5, also wird aufgerundet: 16 593 ≈ 17 000.
Echt cool.

zero

Alles gut und schön. Aber wozu der Aufwand? Nur um sich Einwohnerzahlen merken zu können? Wer will denn das?

PacPoc

Weil du leichter damit rechnen kannst. Wenn jeder Einwohner 2 € bekommen soll, ist es leichter, 2 Millionen mal 2 zu rechnen als 1 9783 658 mal 2.

KrizZy

Stimmt, das hatten wir auch heute. **Mit gerundeten Zahlen rechnen, um sich erst mal einen Überblick zu verschaffen.** Wie hieß das noch mal?

Einstein

Wenn man mit gerundeten Zahlen rechnet, nennt man das ***Überschlagen*** oder einen ***Überschlag machen.*** Damit kann man vieles im Kopf rechnen und braucht nicht erst einen Zettel ... z. B.: Ich kaufe für 195 € einen Tisch, einen Stuhl für 79 € und ein Kissen für 54 €. Jetzt überschlage ich, wie viel das insgesamt kostet:

200 €	Tisch
80 €	Stuhl
50 €	Kissen
330 €	Summe

Jetzt weiß ich, wenn ich ungefähr 330 € für meinen Einkauf mitnehme, passt das schon.

KrizZy

Aber ich habe Schuhgröße 42, wenn ich das runde und Schuhe Größe 40 kaufe, tun mir die Füße weh! 😉 Ich kann also wohl nicht immer runden, oder?

PacPoc

Stimmt, immer **wenn Größen oder Maße genau passen müssen, ist es Unsinn, wenn man rundet.** Meinen Kontostand kenne ich auch lieber genau. 😉

Einstein

Ja, aber wenn ich wissen will, ob du Millionär bist, reicht mir auch eine ungefähre Angabe. Du musst eben **immer vorher nachdenken, wie wichtig es ist, dass die Zahl genau angegeben wird.**

24 **Runde auf Zehner.**

a | 74
b | 892
c | 718
d | 1995

25 **Runde auf Tausender.**

a | 18 729
b | 165 399
c | 56 555
d | 399 738

26 **Runde nacheinander auf …**

	ZEHNER	HUNDERTER	TAUSENDER
15 273			
90 909			
674 852			
876 543			

27 **Gib die folgenden Zahlen gerundet auf Hunderter an.**

a | fünftausendsechshundertdreiundsiebzig
b | einhundertachtundvierzigtausendneunhundertdreiundzwanzig
c | neunundsiebzigtausendvierhundertneunundneunzig
d | acht Millionen achthundertachtundachtzigtausendachthundertachtundachtzig

28 **Welches ist die größte und welches ist die kleinste Zahl, die gerundet die angegebene Zahl ergibt?**

a | 70 (auf Zehner gerundet)
b | 900 (auf Hunderter gerundet)
c | 2800 (auf Hunderter gerundet)
d | 45 000 (auf Tausender gerundet)
e | 34 600 (auf Zehner gerundet)
f | 390 000 (auf Tausender gerundet)
g | 1 000 000 (auf Hunderttausender gerundet)

29 **Runde. Überlege erst, ob es sinnvoll ist, zu runden.**

a | Köln hat 1 007 119 Einwohner.
b | Harald hat Schuhgröße 45.
c | Das Pony ist 98 cm groß.
d | Um zu Lotte zu fahren, musst du in die 8. Straße rechts abbiegen.
e | Beim Pferderennen waren am Wochenende 18 875 Zuschauer.
f | Die Glasscheibe, die eingebaut werden muss, ist 112 cm breit.

30 **Tante Wilma hat 15 328 € im Lotto gewonnen. Sie möchte das Geld gerecht mit ihren vier Patenkindern teilen. Runde und überschlage, wie viel Geld jeder ungefähr bekommt.**

31 **Victoria fährt mit ihren 4 Ponys auf ein Reitturnier und muss planen, wie viel Futter sie mitnehmen muss. Jedes Pony bekommt 3 Mahlzeiten am Tag, sie ist 2 Tage unterwegs und jedes Pony bekommt 475 g Futter pro Mahlzeit.**

32 **Suche die Fehler – wo wurde falsch gerundet?**

	ZEHNER	HUNDERTER	TAUSENDER
27 369	27 370	27 300	27 000
292 929	292 930	292 900	292 000
235	230	200	200

33 **Runde und gib an, wie groß der Fehler jeweils ist, der durch das Runden entsteht.**

	ZEHNER	HUNDERTER	TAUSENDER
45 879			
98 988			
172 834			

2 RECHNEN MIT NATÜRLICHEN ZAHLEN

Addition und Subtraktion
→ 19
Multiplikation und Division
→ 23

BEISPIEL

Die Klasse soll im Sportunterricht 6000 m laufen. Die Laufbahn ist 400 m lang. Wie viele Runden sind das?
6000 m : 400 m = 15
Es sind 15 Runden.

VERWENDUNG

Die natürlichen Zahlen sind die Zahlen, mit denen man zählt. Um im Alltag gut zurechtzukommen, muss man mit natürlichen Zahlen rechnen können – beim Einkaufen, beim Aufteilen von Süßigkeiten, beim Punkte zählen nach Wettspielen ...
Wenn Kopfrechnen zu schwierig wird, rechnet man schriftlich.

WIEDERHOLEN

Damit sollten wir uns eigentlich schon auskennen:
einfache Rechnungen mit
- Addition (plus)
- Subtraktion (minus)
- Multiplikation (mal)
- Division (durch)

KrizZy

Ich habe hier vielleicht eine blöde Aufgabe: Rico hat zum Geburtstag 23 € von Oma bekommen, 15 € von der Nachbarin, 7 € vom Onkel und 8 € von der Tante. Ein neuer MP3-Player kostet 50 €. Und nun soll ich ausrechnen, ob Rico sich den kaufen kann. Kann er?

PacPoc

Wieso Aufgabe – das Problem hatte ich neulich in echt. 😉 Aber das kannst du doch easy ausrechnen – ***addiere*** die einzelnen Zahlen, dann siehst du, obs geht.

Einstein

Jetzt mal ein bisschen ausführlicher – die einzelnen Beträge, die Rico geschenkt bekommen hat, sind die ***Summanden.*** Diese Summanden musst du addieren, also zusammenzählen. Das Ergebnis heißt ***Summe.*** Ich mach das mal:

$23\,€ + 15\,€ + 7\,€ + 8\,€ = 53\,€.$

PacPoc

Dabei ist es übrigens völlig egal, in welcher Reihenfolge du die Summanden addierst. Du kannst genauso gut rechnen: $23\,€ + 7\,€ + 13\,€ + 8\,€.$
Da kommt auch 53 € raus. Es lässt sich aber leichter rechnen, weil man gleich sieht, dass $23 + 7 = 30$ ist.

Einstein

Stimmt – du kannst die Summanden vertauschen, das heißt ***Kommutativgesetz:*** $a + b = b + a$.
Und du kannst die Reihenfolge der Rechenschritte vertauschen, das heißt ***Assoziativgesetz:***

$(a + b) + c = a + (b + c)$

KrizZy

O.k. 53 € ist also die Summe, die dieser Rico zum Geburtstag gekriegt hat. Und jetzt?

Einstein

Jetzt musst du ausrechnen, wie groß der Unterschied ist zwischen dem, was Rico bekommen hat, und dem, was der Player kostet. Du musst also das eine vom anderen abziehen – anders ausgedrückt, du musst die ***Differenz*** bilden:

$53\,€ - 50\,€ = 3\,€.$

PacPoc

Bei der Differenz musst du aber **auf die Reihenfolge achten.** 50 – 53 hättest du nicht rechnen können. Deshalb heißen die Glieder einer Subtraktion auch unterschiedlich: *Minuend – Subtrahend = Differenz.*

KrizZy

Also, das habe ich verstanden. 53 ist um 3 größer als 50, also kann Rico den Player kaufen. Aber in der nächsten Aufgabe stehen so große Zahlen, das krieg ich im Kopf nicht hin. Wie geht *schriftlich addieren* noch mal?

?

PacPoc

Du schreibst die Zahlen mit ihren Stellen – Einer, Zehner usw. – genau untereinander und addierst die Ziffern einzeln. Wenn du dabei über 10 kommst, darfst du die kleine Hilfszahl als Übertrag nicht vergessen. Ich schreibe euch mal ein Beispiel auf:

2643 + 586:

	2	6	4	3	
+		5	8	6	
	1	1			Übertrag
	3	2	2	9	

Einstein

Und bei der schriftlichen Subtraktion machst du es genauso. Wenn die untere Ziffer größer ist als die obere, erhöhst du die obere um 10 (oder um 20 – eben so viel, bis die obere größer ist als die untere). Dann kannst du von einer größeren Zahl subtrahieren, so wie hier:

639 – 164:

	6	3	9	
–	1	6	4	
	1			Übertrag
	4	7	5	

Du subtrahierst erst die Einer: 9 – 4 = 5;
dann subtrahierst du die Zehner: 3 – 6 geht nicht, also erhöhst du die 3 um 10 auf 13 und rechnest 13 – 6 = 7. Die 1 schreibst du als Übertrag unter die Hunderterstellen.
Nun die Hunderter; hier musst du nun den Übertrag auch subtrahieren: 6 – (1 + 1) = 6 – 2 = 4.

1 **Berechne jeweils die Summe und die Differenz.**

a | 53 und 27
b | 211 und 83
c | 1192 und 477

2 **Berechne die fehlende Zahl.**

a | 82 + ☐ = 110
b | ☐ + 69 = 327
c | 127 − ☐ = 74
d | ☐ − 77 = 435

3 **Berechne geschickt.**

a | 74 + 12 + 16 + 98
b | 92 + 99 − 29 − 12
c | 198 + 12 + 32 − 22
d | 733 + 88 + 27 − 33

4 **Um wie viel sind die Zahlen jeweils größer als 200 und um wie viel kleiner als 300?**

a | 235
b | 259
c | 287

5 **Schreibe + und – so in die Lücken, dass die Rechnungen stimmen.**

a | 20 ☐ 30 ☐ 70 ☐ 50 = 70

b | 12 ☐ 18 ☐ 11 ☐ 29 = 70

c | 119 ☐ 227 ☐ 312 ☐ 36 = 70

6 **Addiere bzw. subtrahiere schriftlich.**

a |
$$\begin{array}{r} 1\,3\,7\,7 \\ +\quad 9\,2\,2 \\ \hline \end{array}$$

b |
$$\begin{array}{r} 3\,5\,2\,3 \\ -\,1\,4\,7\,7 \\ \hline \end{array}$$

7 **Fülle die Kästchen so aus, dass die Rechnung stimmt.**

a |

	3	□	2	1	□
+	□	4	□	2	7
				1	
	4	9	8	□	1

b |

		8	3	□	5	□
+		1	□	2	□	8
		1				
1	□	2	9	6	0	

8 **Addiere schriftlich.**

a |

	1	2	5
+	2	3	6
+	7	9	9
	□		

b |

		2	2
+	1	9	8
+	4	4	6
+		1	2
	□		

c |

	1	2	1	8	8
+	1	7	9	9	2
+	1	9	8	1	0
	□				

9 **Berechne schriftlich.**

a | 344 – 288 + 197 – 29
b | 8888 – 1234 – 289 – 2199
c | 454143 + 4528 – 12853 – 736

10 **Wie viel fehlt auf der rechten Seite der Waage?**

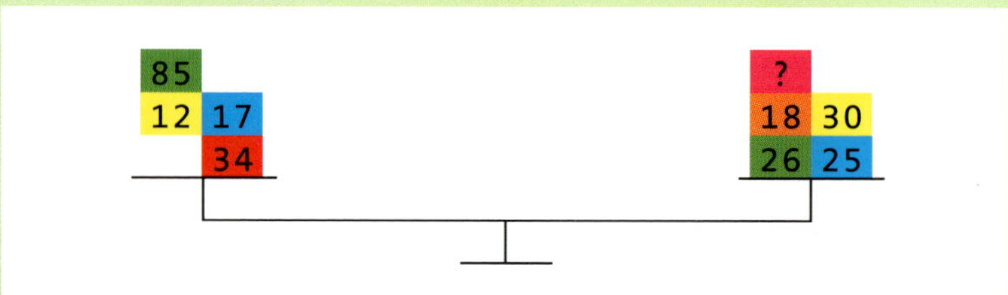

zero

Puh, wir haben heute was Komisches in Mathe gelernt, vielleicht könnt ihr mir da weiterhelfen? 😨 Meine Hausaufgabe lautet: „Der eine Faktor ist 17 und der andere 3678. Berechne das Produkt."

?

PacPoc

Lass mal überlegen ... Ach ja, ein Faktor ist ein Teil einer ***Multiplikation: Faktor · Faktor = Produkt.***

zero

Also ist ein Produkt das Ergebnis einer „Mal"-Aufgabe? 🤓 Hm, aber hier sind die Zahlen so groß. Das kann ich nicht ... 😨

?

Einstein

Kein Problem, da ***multipliziert man schriftlich.*** Ich zeigs dir mal an deiner Aufgabe: 17 · 3678, oder besser: 3678 · 17:
Erst multiplizierst du die 1 des 2. Faktors (der 17) mit jeder Ziffer des 1. Faktors (der 3678), und zwar von hinten (Einerstelle) nach vorne (bis zur Tausenderstelle). Anstelle der 7 schreibst du eine **Null.** So kommt man nicht durcheinander mit den Stellen. Dann multiplizierst du alle Stellen des 1. Faktors mit der 7. Zum Schluss addierst du die Teilergebnisse.

	3 6 7 8 · 1 7	
	3 6 7 8 **0**	← 3678 · 1
+	2 5 7 4 6	← 3678 · 7
	6 2 5 2 6	

zero

Aber warum rechnest du 3678 · 17, wenn die Aufgabe lautet: 17 · 3678?

?

PacPoc

Weil beim Multiplizieren auch das ***Kommutativgesetz*** gilt, es ist also egal, in welcher Reihenfolge du die Faktoren multiplizierst. Und wenn die 17 der 2. Faktor ist, musst du nur zwei Multiplikationen durchführen und anschließend auch nur zwei Teilprodukte addieren. Geht doch viel schneller.

Einstein

Genau. Das **Kommutativgesetz der Multiplikation:**

$a \cdot b = b \cdot a$

und das **Assoziativgesetz** gilt auch. Du darfst also bei der Multiplikation die Reihenfolge der Rechenschritte vertauschen:

$(a \cdot b) \cdot c = a \cdot (b \cdot c)$.

KrizZy

O.k., das hab ich kapiert. ☺ Aber was ist hiermit: In einer Schule sind 1568 Schüler und jeweils 28 Schüler in einer Klasse. Wie viele Lehrer gibt es an der Schule, wenn jede Klasse einen Lehrer hat?

?

PacPoc

Das kannst du doch einfach feststellen, indem du dividierst, also teilst. Für jeweils 28 Schüler gibt es einen Lehrer, also musst du 1568 durch 28 dividieren.

KrizZy

Das ist es ja, **schriftlich dividieren** hab ich vergessen. Kannst du mir das noch mal erklären?

?

Einstein

Na klar. 1568 : 28 = 56

1568 ist der **Dividend,** 28 der **Divisor** und das Ergebnis 56 ist der **Quotient.**

Beim Dividieren darfst du Dividend und Divisor aber auf keinen Fall vertauschen!

$12 : 6 = 2$ aber $6 : 12 \neq 2$

Jetzt zum schriftlichen Dividieren: Du subtrahierst Vielfache des Divisors schrittweise vom Dividenden. Du beginnst bei der höchsten Stelle des Dividenden. Ich zeig dir das am besten mal an deiner Aufgabe:

1 5 6 8 : 2 8 = 5 6		(28 passt 5-mal in 156; 28 · 5 = 140)
− 1 4 0	← 28 · 5	(rechne 156 − 140; hole die 8 herunter)
1 6 8		
− 1 6 8	← 28 · 6	(28 passt 6-mal in 168; 28 · 6 = 168)
0		(rechne 168 − 168)

Es sind also 56 Lehrer an der Schule.

zero

O.k., du hast da jetzt superviel gerechnet und alle Rechenarten vorgemacht. Aber ich verzweifel hier an einer Aufgabe, in der irgendwie alles vorkommt, was es gibt – Klammern und plus und mal und was weiß ich. Woher weiß ich denn, womit ich anfangen soll:
$120 - (8 + 9) \cdot 2 + 7 \cdot 8 - 6 : (1 + 1) = ?$

Einstein

Kein Problem – dafür gibt es die ***Vorfahrtsregeln:***

1. **Klammern** zuerst berechnen;
2. **Punktrechnung vor Strichrechnung,** also erst „mal“ und „durch“ und dann „plus“ und „minus“.
3. Ohne Klammern **von links nach rechts** rechnen.

zero

Also erst die Klammern: $120 - (17) \cdot 2 + 7 \cdot 8 - 6 : (2)$
Dann „mal“ und „durch“: $120 - 34 + 56 - 3$.
Und jetzt „plus“ und „minus“ von links nach rechts: 139. Ach so – ist ja gar nicht so schlimm!

KrizZyy

Moment, du hast jetzt bei dem ***Term*** $(8 + 9) \cdot 2$ erst $8 + 9 = 17$ gerechnet und dann die 17 mit 2 multipliziert. Wir haben letzte Woche gelernt, dass das auch anders geht. Irgendwie kann man die Klammer auflösen.

Einstein

Ja, du kannst das ***Distributivgesetz*** anwenden. Das heißt, du multiplizierst jedes Glied der Summe mit dem Faktor vor (bzw. hinter) der Klammer, also so:
$(8 + 9) \cdot 2 = 8 \cdot 2 + 9 \cdot 2 = 16 + 18 = 34$.
Siehst du – kommt dasselbe raus wie eben.
Man kann das auch noch richtig mit Formeln aufschreiben: $a \cdot (b + c) = a \cdot b + a \cdot c$.

zero

Hä, KrizZy, du hast da eben so einen Begriff verwendet. Ein Term? Was ist das?

KrizZy

Mal ganz einfach gesagt: Ein Term setzt sich aus Zahlen und Rechenzeichen zusammen. Also sowas wie $(8 + 9) \cdot 2$ oder $10 - 8 : 4$. Das ist schon alles!

11 **Berechne die folgenden Produkte schriftlich.**

a | $48 \cdot 5$
b | $134 \cdot 23$
c | $748 \cdot 18$
d | $906 \cdot 407$
e | $624 \cdot 703$
f | $9074 \cdot 6200$

12 **Fülle die Kästchen so, dass die Rechnungen stimmen.**

a |

1	3	8	5	·	2	□
		□	7	□	0	0
+			□	1	5	5
		3	1	8	□	5

b |

3	4	7	·	5	□	6
	1	□	□	5	0	0
+			3	4	7	0
+			2	0	8	□
	1	7	9	□	□	2

13 **Löse die Zahlenrätsel, indem du einen Term aufstellst und ihn berechnest.**

a | Das Produkt aus 125 und 63.
b | Der erste Faktor ist 908, der zweite 54.
c | Multipliziere die Zahlen 786 und 19.
d | Multipliziere die Summe von 78 und 24 mit der Zahl 12.
e | Um wie viel ist das Produkt aus 487 und 23 größer als das aus 547 und 19?
f | Berechne das Produkt von 25 572 mit sich selbst.

14 **Berechne. Beachte die Vorfahrtsregeln.**

a | $(606 - 429) \cdot 52$
b | $(879 - 222 \cdot 2) \cdot 14$
c | $25 \cdot (65 + 89) - 124$
d | $(82 \cdot 403 - 1522) \cdot 11$

15 **Löse die Textaufgaben.**

a | Ein Mensch schläft etwa 8 Stunden am Tag. Wie viele Stunden schläft er im ganzen Jahr?
b | Ein Gemüsehändler kauft 56 Kisten Gemüse zu je 13 €. Wie viel muss er insgesamt bezahlen?

16 Bearbeite die Textaufgaben zur Multiplikation.

a | Ein Marathonläufer übt für den nächsten Wettkampf. Im Stadion läuft er 32 Runden auf der 400-m-Bahn. Wie viele Meter ist er gelaufen?

b | Für die Klassenfahrt der 5 d sammelt die Klassenlehrerin Frau Schulz von jedem ihrer 32 Schüler 116 € ein. Wie viel kostet die Fahrt insgesamt?

c | Ein LCD-Fernseher kostet 2140 €. Er kann aber auch in 12 Raten zu je 194 € bezahlt werden. Wie viel kostet der Fernseher bei Ratenzahlung mehr?

d | Im Stadion sitzen 18 547 Personen. Jeder hat 18 € für seine Karte bezahlt. Wie viel haben alle zusammen bezahlt?

17 Berechne die folgenden Quotienten schriftlich.

a | 135 : 5
b | 327 : 3
c | 196 : 14
d | 2415 : 23
e | 364 : 28
f | 7068 : 57

18 Fülle die Kästchen so, dass die Rechnungen stimmen.

a | 6 8 9 5 : 7 = 9 8 ☐
− ☐ ☐
5 ☐
− 5 6
3 5
− ☐ ☐
0

b | 9 8 6 : 29 = 3 ☐
− ☐ 7
1 1 ☐
− 1 1 6
0

19 Berechne die Terme in deinem Heft.

a | (8 : 2 + 4 − 3) · 5
b | (9 · 5 + 7 − 16) : 4
c | (9000 + 1593) : 3
d | (3500 + 34) : (50 − 12)
e | (6300 + 560 + 35) : 7
f | (8 : 4 + 2 · 12) + 21

20 **Löse die Zahlenrätsel, indem du einen Term aufstellst und ihn berechnest.**

a | Berechne den Quotienten aus 4095 und 21.
b | Berechne: Der Dividend ist 216 und der Divisor 18.
c | Um wie viel ist das Produkt der Zahlen 30 276 und 87 größer als ihr Quotient?
d | Bilde die Differenz der Quotienten aus 2352 und 3 und aus 1176 und 4.
e | Addiere zur Differenz von 135 und 23 den Quotienten von 6552 und 21.

21 **Löse die Textaufgaben zur Division.**

a | Eine Lotto-Tipp-Gemeinschaft besteht aus 11 Personen und hat bei der letzten Ziehung 20 878 € gewonnen. Wie viel Euro hat jeder Einzelne gewonnen?
b | Anna hat Geburtstag und möchte in der Schule Süßigkeiten verteilen. Ihre Mutter kauft für die Klasse, in der 29 Schüler sind, eine Großpackung mit 377 Gummitieren. Wie viele bekommt jeder Schüler?

c | In einer großen Badewanne sind 10 836 Liter Wasser. Da der Abfluss verstopft ist, muss Frau Wiener mit ihrem 7-Liter-Eimer das Wasser herausschöpfen. Wie viele Eimer Wasser sind in der Wanne enthalten?
d | Kinobesitzer Schmidt hat heute 6384 € eingenommen. Wie viele Besucher waren im Kino, wenn eine Kinokarte durchschnittlich 8 € kostet?
e | Sven ist 16 920 Tage alt. Wie viele Jahre ist er alt, wenn ein Jahr 360 Tage hat?

22 **Dividiere 22 212 erst durch 3, dann durch 6 und dann umgekehrt. Was stellst du fest?**

23 **Überlege genau und antworte dann.**

a | Wie verändert sich ein Quotient, wenn der Dividend und der Divisor verdoppelt werden?
b | Wie verändert sich ein Quotient, wenn nur der Dividend verdoppelt wird?

3 RECHNEN MIT GRÖSSEN

Gewichte und Längen → 30
Währungen und Zeitangaben → 36

BEISPIEL

Die Schüler müssen im Stadion 10 km laufen. Die Laufbahn ist 400 m lang. Wie viele Runden sind das? Erst muss man in dieselbe Einheit umrechnen: 10 km sind 10 000 m. Jetzt kann man dividieren:

10 000 m : 400 m = 25

Es sind 25 Runden.

VERWENDUNG

Viele Dinge im Alltag werden mit **Zahl und Einheit** angegeben – da muss man sicher sein, dass jeder die gleiche Menge meint. Wenn man ein Brett kaufen will, das genau ins Regal passt, kann man dem Verkäufer sagen, dass das Brett ins Regal passen soll. Damit kann er aber wenig anfangen. Besser ist es, man misst die benötigte Länge aus und kauft ein Brett, das genau die gemessenen 1,50 m lang ist.

WIEDERHOLEN

Damit sollten wir uns eigentlich schon auskennen: Abkürzungen und Umrechnung von

- m, dm, cm
- kg, g
- €, ct
- h, min, s

KrizZy

Hi, jemand on? Ich hab hier nämlich so 'ne Aufgabe, die krieg ich nicht raus: Oma hat 3 kg Bonbons. Die sollen in 150-g-Tüten umgefüllt werden, damit alle Enkel was abkriegen. ?

PacPoc

Entweder Oma holt die Küchenwaage und verteilt die Bonbons einfach. Oder du rechnest. Wenn du Zahlen mit Einheiten hast, müssen **alle dieselbe Einheit** haben, du musst umrechnen. Dann kannst du so rechnen wie mit Zahlen ohne Einheiten.

zero

Äh, Moment mal. Einheiten? Umrechnen? In was denn? Und wie? ?

PacPoc

Die **Gewichtsangabe** 3 kg besteht aus einer **Zahl** (3) und einer **Einheit** (kg). So etwas nennt man eine Größe. **Größen bestehen aus Zahl und Einheit.** Man sagt auch Maßzahl (3) und Maßeinheit (kg). Die Tüten sollen 150 g enthalten. Hier ist die Einheit g – und das ist das Problem! Du musst erst beides in kg oder beides in g umrechnen, bevor du rechnest.

Einstein

Du musst also wissen, wie viel Gramm ein Kilogramm sind, nämlich 1000. Beim Umrechnen multiplizierst du also die kg-Angabe mit 1000. Oder du dividierst die g-Angabe durch 1000. Hier ist es einfacher, die 3 kg mit 1000 zu multiplizieren. Das macht 3000 g Bonbons.

KrizZy

Ich habs! Dann kann ich die 3000 g durch 150 g dividieren und erhalte 20. 3 kg Bonbons sind also 20 Tüten zu 150 g! Und was ist mit Tonnen? ?

Einstein

Ich schreib euch für die Gewichte mal die Umrechnungen auf. Das sind immer 1000er-Schritte:

1 t (Tonne)	= 1000 kg
1 kg	= 1000 g
1 g	= 1000 mg (Milligramm)

KrizZy

Also noch mal: Wenn ich **mit Größen rechnen** will, muss ich erst **alles in dieselbe Einheit umrechnen** und dann rechne ich ganz normal. Wenn ich Gewichte addiere oder subtrahiere, ist das dann so:

857 kg – 5890 g = 857 000 g – 5890 g = 851 110 g ☺

zero

Aber ich hab hier keine Bonbons in meiner Hausaufgabe – ich soll ein 4,8 m langes Brett in 4 gleiche Teile teilen. (Klar, ich soll nicht sägen, sondern rechnen.)

Einstein

Du hast da also ***Längenangaben.*** Dafür gibts auch Umrechnungsfaktoren:

1 km = 1000 m	1 m = 10 dm
1 dm = 10 cm	1 cm = 10 mm

Also: 2 km = 2000 m = 20 000 dm = 200 000 cm

KrizZy

Also hier sind es immer 10er-Schritte. Nur der Kilometer ist eine Ausnahme – hier muss ich mit 1000 multiplizieren, um auf Meter zu kommen.

PacPoc

Kann man sich aber merken – „kilo" bedeutet „tausend", ein Kilometer sind also 1000 Meter. Genau wie 1 Kilogramm 1000 Gramm sind.

zero

Aber Einstein hat sich um das Komma in 4,8 gedrückt – was mach ich denn damit? ☹

Einstein

Das nennt man ***Kommaschreibweise.*** Die Einheit bezieht sich immer auf die Zahl vor dem Komma. Wenn du eine Größe in Kommaschreibweise umrechnen willst, musst du das Komma verschieben.

- Umrechnen in die **nächstkleinere** Einheit: Komma um so viele Stellen nach **rechts** verschieben, wie die Umrechnungszahl Nullen hat.
- Umrechnen in **nächstgrößere** Einheit: Komma um so viele Stellen nach **links** verschieben, wie die Umrechnungszahl Nullen hat.

PacPoc

Wenn du 4,8 m in dm umrechnen willst, ist die Umrechnungszahl 10, die hat eine Null. Das Komma wird also um 1 Stelle nach rechts verschoben: 48 dm.

KrizZy

Und wenn ich das in km haben will? Ich hab kapiert, dass das Komma dann um 3 Stellen nach links verschoben wird, weil die Umrechnungszahl 1000 drei Nullen hat. Aber wohin – da steht doch links vom Komma nur eine Stelle! 😟

Einstein

Dann musst du Nullen ergänzen, in diesem Fall also noch zwei Nullen links dazuschreiben, bevor das Komma kommt: 4,8 m = 0,0048 km.

PacPoc

Aber du kannst auch die gemischte Schreibweise nehmen, die ist anschaulicher. 4,8 m sind 4 m 8 dm. Und 4,5 kg = 4 kg 500 g; 3,74 t = 3 t 740 kg

zero

Und was mach ich jetzt mit dem Brett? Wie lang ist nun einer der vier Teile?

Einstein

Du hast 4,8 m Brettlänge. Wenn du eine Zahl in Kommaschreibweise multiplizieren oder dividieren willst, musst du das Komma loswerden – du kannst entweder in eine Einheit umwandeln, in der kein Komma mehr steht: 4,8 m = 48 dm. Und nun durch 4 dividieren: 48 dm : 4 = 12 dm; ein Teil ist also 12 dm = 1,2 m lang.
Oder du nimmst die gemischte Schreibweise, dividierst für jede Einheit getrennt und addierst die Ergebnisse: 4,8 m = 4 m 8 dm;
4 m 8 dm : 4 = 4 m : 4 + 8 dm : 4 = 1 m 2 dm = 1,2 m
Das Ergebnis gibst du in jedem Fall wieder in Kommaschreibweise an.

PacPoc

Und wenn du Kommazahlen schriftlich addierst, achte darauf, dass Komma unter Komma steht!

1 **Verwandle in die jeweils nächstgrößere Einheit.**

a | 2000 g
b | 7000 kg
c | 3000 mg
d | 25 000 000 g

2 **Verwandle in die jeweils nächstniedrigere Einheit.**

a | 5 kg
b | 7 t
c | 15 g
d | 750 g

3 **Wandle um in Gramm.**

a | 3 kg 520 g
b | 23 kg 2000 mg
c | 15,075 kg
d | 14 kg 1725 g

4 **Wandle um in Kilogramm.**

a | 14 t 658 kg
b | 30 t 30 kg
c | 12 t 2525 kg
d | 17,602 t

5 **Sortiere die Gewichte der Größe nach. Beginne mit dem größten.**

1 | 2780 g; 2 | 2 t 7 kg 80 g; 3 | 2 kg; 4 | 3000 g;
5 | 2 kg 800 g; 6 | 2000 g 78 000 mg

6 **Welche Gewichte sind gleich? Verbinde.**

2 t 589 kg	2 t 589 g
2 589 888 g	2 kg 589 g 888 mg
2589 mg	2,589 g
2 000 589 g	2589 kg

7 **Was ist schwerer: 2 t Steine oder 2000 kg Kartoffeln?**

8 **Berechne.**

a | 47 t + 3500 g
b | 53 g + 528 g
c | 57 mg + 4 g
d | 22 kg 350 g + 750 g
e | 5265 kg : 15 kg
f | 7 315 g
g | 2 · (419 kg – 377 kg) + (9 t – 8022 kg)
h | 2 kg 258 g + 2 t 5 kg 5 – 1995 kg

9 **Bearbeite die Textaufgaben zu Gewichten.**

a | Wie viel wiegen 12 Tüten Weingummis mit jeweils 250 g?
b | In einen Käsekuchenteig gehören 250 g Zucker, 125 g Butter, 6 Eier à 36 g, 1 kg Quark, 1 Päckchen Vanillezucker à 7000 mg, 50 g Gries und 200 g Rosinen. Wie schwer ist der Teig nach dem Backen, wenn dabei noch 150 g Flüssigkeit verdunsten?

10 **Auch diese Textaufgaben befassen sich mit Gewichten.**

a | KrizZy überlegt: „Ich habe einen Lkw, der 4,5 t laden kann. Ich hole 300 kg Sand, 1 t Kies, 2 t Steine und 850 kg Erde. Schafft der Lkw das und kann ich vielleicht noch mehr mitnehmen?“
b | 7 Bücherkartons wiegen zusammen 105 kg. Wie viel wiegt ein Karton? Wie viel wiegt ein Buch im Durchschnitt, wenn in jedem Karton 30 Bücher enthalten sind?

11 **Wandle in die jeweils nächstgrößere Einheit um.**

a | 40 cm
b | 750 dm
c | 300 mm
d | 8000 m

12 **Wandle in die jeweils nächstniedrigere Einheit um.**

a | 2 m
b | 8 km
c | 5 cm
d | 90 dm

13 **Wandle in cm um.**

a | 120 mm
b | 3 m
c | 11 dm
d | 3 m 3 dm 20 mm

14 **Welche Längen sind gleich?**

3 m 4 cm; 34 mm; 340 cm; 304 dm; 30 400 mm; 34 dm

15 **Ordne die Längen der Größe nach.**

1 | 1 m 5 dm 3 cm; 2 | 1503 mm; 3 | 20 dm 3 cm;
4 | 154 cm; 5 | 15 dm 31 mm; 6 | 10 531 mm

16 **Berechne.**

a | 5 m + 25 dm
b | 25 m − 72 cm + 870 mm
c | 12 m 3 dm − 82 cm
d | 3 km + 92 dm − 1820 cm

17 **Wie viel (in cm oder mm) fehlt bis zu einem ganzen Meter?**

a | 97 cm
b | 330 mm
c | 1 dm
d | 35 cm 8 mm

18 **Löse die Textaufgaben zu Längenangaben.**

a | Jonathan muss eine Weide einzäunen und hat dafür Drahtzaun auf einer Rolle. Wie lang muss der Draht auf der Rolle sein, wenn die Wiese 25 m breit und 32 m lang ist?
b | Eine Holzplatte ist 8 mm dick. Wie hoch ist ein Stapel, der aus 75 Holzplatten besteht?
c | Herr Schmidt muss eine neue Fußleiste anbringen. Das Zimmer ist 420 cm lang und 350 cm breit. Die Tür von 80 cm kann er auslassen. Wie lang muss die Fußleiste sein?
d | Ein Marathonlauf geht über 42,195 km, das sind 42 195 m. Wie viele Runden muss ein Marathonläufer in einem Stadion laufen, bei dem eine Runde 400 m misst?

19 **Auf einer Karte ist der Maßstab 1 : 800 000. Das heißt, dass 1 cm auf der Karte 800 000 cm in Wirklichkeit entspricht.**

a | Wie weit ist Kassel von Hannover entfernt, wenn du auf der Karte 20 cm misst?
b | Wie weit ist eine Stadt auf deiner Karte entfernt, wenn sie in Wirklichkeit 400 km weit weg ist?

zero

Und wie ist es bei **Geld?** Wenn ich z. B. 5,03 € habe und 5 ct abgeben muss, dann weiß ich immer nicht … Hier steht auch schon wieder das blöde Komma und ich hab zwei verschiedene Einheiten.

Einstein

Die meisten Staaten haben ihre eigene **Währung.** Seit 2002 hat die Europäische Union den **Euro** als einheitliche Währung eingeführt. Zu dem Euro gehört die kleinere Einheit **Cent.** Euro hat als Zeichen dieses **€** und Cent kürzt man **ct** ab.

PacPoc

Naja, und bei 5,03 € steht € wieder für die Zahl vor dem Komma. Wenn du davon jetzt 5 ct abziehen musst, musst du wie bei Gewichten und Längen erst mal **in dieselbe Einheit umrechnen:**

1 € = 100 ct

Willst du von Euro in Cent umrechnen, musst du „mal 100" rechnen und von Cent in Euro durch 100 teilen.
Also sind 5,03 € = 503 ct.

zero

O. k., und 503 ct – 5 ct = 498 ct.
Immer erst alles in dieselbe Einheit umrechnen, hab ich kapiert.

KrizZy

Cool – das passt zu meiner Hausaufgabe! Ich soll nämlich 4,98 € mit 3 Brüdern multiplizieren, weil jeder so viel bezahlen soll. Muss ich dazu ohne Komma schreiben, also 4,98 € = 498 ct?

Einstein

Stimmt. 498 ct kannst du dann mit 3 multiplizieren. Die **Kommaschreibweise** ist bei uns die normale Schreibweise, man kann aber auch 4 € 98 ct schreiben.

PacPoc

Ach ja, darüber haben wir doch bei den Längen schon geredet. Man kann dann auch getrennt rechnen:

$4\,€ \cdot 3 + 98\,\text{ct} \cdot 3 = 12\,€ + 294\,\text{ct}$
$= 1200\,\text{ct} + 294\,\text{ct} = 1494\,\text{ct}$
$= 14\,€\ 94\,\text{ct} = 14{,}94\,€$

KrizZy

Das ging ja alles noch – aber ich soll zu morgen ausrechnen, wie viele Minuten Unterricht ich in der Woche habe. Mit **Zeiten** ist das so kompliziert, weil die Umrechnungsfaktoren keine Zehnerpotenzen sind.

Einstein

Erst mal musst du wissen, welche **Zeiteinheiten** es gibt: **d** steht für **Tag, h** für **Stunde, min** ist klar und **s** für **Sekunde.** Dann sind die Umrechnungsfaktoren:

1 d = 24 h 1 h = 60 min

1 min = 60 s

PacPoc

Als Erstes musst du also gucken, wie viele Stunden du in der Woche hast, und dann in min umrechnen. Pass aber auf – eine Schulstunde sind 45 min!

KrizZy

Oje, also: Montag bis Donnerstag jeweils 6, Freitag 4 Schulstunden macht in einer Woche $4 \cdot 6 + 4 = 28$. Eine Schulstunde hat 45 min, dann haben 28 Schulstunden $28 \cdot 45$ min = 1260 min.

zero

Aber was ist mit **Zeitpunkten** und **Zeitspannen?** Also ein **Zeitpunkt sagt, wann etwas passiert;** eine **Zeitspanne, wie lange etwas dauert.** Aber wie rechne ich aus, wie lange eine Zugfahrt dauert, die um 9.36 Uhr beginnt und um 11.48 Uhr endet?

Einstein

Erst rechnest du bis zur nächsten vollen Stunde:
von 9.36 Uhr bis 10.00 Uhr sind es 24 min.
Dann addierst du die vollen Stunden:
von 10.00 Uhr bis 11.00 Uhr ist es 1 h = 60 min.
Zum Schluss addierst du die Minuten, also die 48 min:
24 min + 60 min + 48 min = 132 min = 2 h 12 min

PacPoc

Und wenn der Zug 73 min Verspätung hat, berechnest du die Ankunft, indem du erst die vollen Stunden addierst und dann die restlichen Minuten:
73 min = 1 h 13 min, also rechnest du:

11.48 Uhr (+ 1 h) → 12.48 Uhr

12.48 Uhr (+ 13 min) → 13.01 Uhr

20 **Wandle um in die jeweils andere Einheit: € in ct oder ct in €.**

a | 300 ct 3 €
b | 15 € 1500 ct
c | 3,28 € 328 ct
d | 3 € 5 ct (in beide Einheiten)
305 ct

21 **Bearbeite die Textaufgaben zu Geldbeträgen.**

a | Erik hat 5 € in seiner Geldbörse. Er kauft eine Briefmarke für 55 ct, zwei Hefte für je 60 ct, ein Eis für 1 € und Kekse für 2 €. Wie viel Geld hat er am Ende noch übrig? 25 ct

b | Tante Sophie gewinnt 120 €. 40 € behält sie, für 30 € geht sie mit ihrem Mann essen. Den Rest verteilt sie an ihre Nichten Anna, Lena, Jenny und Nicki. Wie viel Euro bekommt jede? 12,50 €

c | Ein Liter Benzin kostet 1,54 €. Wie viel kostet eine Tankfüllung, wenn der Tank 35 l fasst? 53,90 €

d | Eine Brotdose kostet 3,50 €. Steffis Mutter wickelt das Brot immer in Frischhaltefolie ein. Die Folie kostet pro Tag 4 ct. Wie lange dauert es, bis sich die Brotdose bezahlt gemacht hat? 88 d

e | Eine Klassenfahrt kostet pro Schüler 18,75 €, wenn 28 Schüler mitfahren. Jetzt haben sich aber 3 Schüler krankgemeldet und 4 wurden aus anderen Gründen beurlaubt. Wie viel müssen die Kinder jetzt bezahlen, da der Gesamtpreis gleich bleibt? ~~2,50 €~~ 25,0 €

22 **In einer Bank werden Geldstücke zum besseren Transport in Papier gerollt. 25 Münzen zu 1 € ergeben eine 6 cm lange Rolle. Wie viele Münzen braucht man für 72 cm 1-€-Stücke?** 300 €

~~12,40~~

23 **Die Klasse 5 c baut mit ihrer Lehrerin Buchstützen für den Basar. Für 10 Buchstützen brauchen sie Holz für 3,20 €, Kleber für 1,95 €, ein Sägeblatt für 4,50 € und Farbe für 2,35 €. Was muss solch eine Buchstütze mindestens kosten, damit die Klasse wenigstens ihre Kosten ersetzt bekommt?** 1,20

24 **Manche Länder haben eine andere Währung als den Euro. Dänemark hat Dänische Kronen (DKK); 1 DKK = 100 Öre. Ein Euro entspricht 7,45 DKK. Max fährt mit seiner Familie im Sommer nach Dänemark und der Vater tauscht bei der Bank 450 € in Dänische Kronen um. Wie viel DKK bekommt der Vater?**

25 Eine 2-ct-Münze wiegt 3 Gramm. Wie viele Münzen ergeben 3 t? Wie viel Euro sind das?

26 Rechne in Minuten um.

a | 2 h
b | 4 h 5 min
c | 1080 s
d | 2 d 11 h 7 min

27 Wie viel Zeit fehlt bis zu einem ganzen Tag (24 h)?

a | 11 h
b | 7 h 25 min
c | 3 h 1440 s
d | 8 h 478 min

28 Wandle um in die jeweils angegebene Einheit.

a | 4 h 3 min (min)
b | 2 h 12 min 420 s (min)
c | 2 min 28 s (s)
d | 1 d 17 h 1440 s (min)

29 Wie viele Stunden hat eine Woche?

30 Berechne.

a | 1 h 34 min + 82 min
b | 2 h 20 s – 91 min 15 s
c | 28 h – 7200 s
d | 3523 min + 1 d 3 min
e | 5 h 47 min 15 s + 3 h 25 min 4 s
f | 23 h + 12 h 57 min + 5 d 12 min + 78 h
g | 125 min +78 h – 43 200 s
h | 2 d – 116 min + 336 s – 1 h

31 Lea will ihre Oma besuchen. Sie will mit dem Zug um 11.50 Uhr ankommen. Der Zug fährt 2 Stunden und 37 Minuten. Wann fährt der Zug ab?

32 Jennys Schulweg dauert 35 min. Ihr Unterricht fängt um 8.15 Uhr an. Wann muss sie losgehen, damit sie pünktlich ankommt?

33 **Maximiliane will ihre Lieblingsfernsehsendungen mit ihrem Computer aufnehmen. In der Tabelle sind die Zeiten angegeben.**

a | Welche Endzeiten muss sie angeben?
b | Für wie viel Zeit braucht sie Platz auf ihrer Festplatte?

SENDUNG	START	LÄNGE
Starmodel	15.12 Uhr	1 Stunde 5 Minuten
Der TierDoc	18.05 Uhr	45 Minuten
Der Rosenfreund	19.20 Uhr	57 Minuten
Super-Disco	20.15 Uhr	2 Stunden 28 Minuten

34 **Am 20. Mai hat Stine Geburtstag. Sie will ihre Freundinnen zu ihrer Feier einladen. Damit sie auch alle kommen können, will sie genau 4 Wochen vorher die Einladungskarten verteilen. Wann muss sie die Karten abgeben?**

35 **Felix überlegt: Wie viele Tage sind sie alt? Rechne: 1 Monat = 30 Tage; 1 Jahr = 360 Tage.**

Justine: 3 Monate
Felix: 10 Jahre
Henrike: 12 Jahre
Papa: 40 Jahre

36 **Ein Pony atmet 8-mal in der Minute. Wie oft atmet es in einer Stunde, an einem Tag, in einem Monat? (Der Monat soll 30 Tage haben.)**

37 **Sarah läuft ganz schnell die 594 Stufen im Turm des Kölner Doms hoch. Für 27 Stufen braucht sie eine Minute. Wie lange braucht sie, bis sie oben ist, wenn sie auf ihrem Weg nicht langsamer wird?**

38 **Marek braucht für den Bau einer neuen Wand in seiner Wohnung 3240 min. Wenn er heute, Mittwoch 8 Uhr, mit dem Bau anfängt, ist er bis Freitag 12 Uhr fertig?**

4 GANZE ZAHLEN

BEISPIEL

Auf einem Bankkonto waren 25 €. Nachdem 30 € abgehoben wurden, ist der Kontostand −5 €. Man sagt umgangssprachlich auch: „Das Konto ist ‚im Minus'", weil der Kontostand nun durch eine negative Zahl ausgedrückt wird.

VERWENDUNG

Im Alltag reichen die natürlichen Zahlen, die nur positiv sind, oft nicht aus: Bei Schulden, bei Temperaturen unter 0 °C oder bei Höhenmetern unter dem Meeresspiegel braucht man **negative Zahlen.**

WIEDERHOLEN

Damit sollten wir uns schon auskennen:
- Ordnen der natürlichen Zahlen
- Addieren, Subtrahieren, Multiplizieren und Dividieren der natürlichen Zahlen → 19, 23
- Rechengesetze der natürlichen Zahlen (wie „Punkt- vor Strichrechnung" und Klammerrechnung) → 25

PacPoc

Heute haben wir in der Schule was Neues gelernt: Wir haben mit Kontoständen und Temperaturen gerechnet. Echt spannend. Da braucht man *negative Zahlen.*

zero

Na klasse. Wir machen das auch gerade, aber spannend find ich das echt nicht. Ich kapier das nicht – was ist eine negative Zahl? Ich brauch die nicht.

?

PacPoc

Klar brauchst du die. Oder ist es bei euch immer warm? Im Winter ist es bei uns schnell mal −10 °C. Ab −15 °C können wir bei uns im Dorf auf dem See Eishockey spielen. Dann ist das Eis dick genug. Und **Zahlen mit einem Minuszeichen davor heißen negative Zahlen.** So wie Minustemperaturen Temperaturen unter 0 °C sind, sind **negative Zahlen kleiner als null.**

Einstein

Genau. Stell dir das mal auf dem Zahlenstrahl vor. Die natürlichen Zahlen kannst du auf dem Zahlenstrahl anordnen. Der beginnt bei null. Und jetzt verlängerst du den Zahlenstrahl nach links. Dann heißt er *Zahlengerade.* Genau wie du rechts die Markierungen für die natürlichen Zahlen hast, kannst du nun links von der Null Markierungen für die negativen Zahlen anbringen. Alles zusammen sind dann übrigens die *ganzen Zahlen.* Und die ganzen Zahlen sind auf der Zahlengeraden angeordnet. 4 ist kleiner als 6, 12 kleiner als 25 usw. und −6 ist kleiner als −4 und −4 ist kleiner als 0. Zeichnet euch das doch einfach mal auf:

$-6 < -4 < 0$

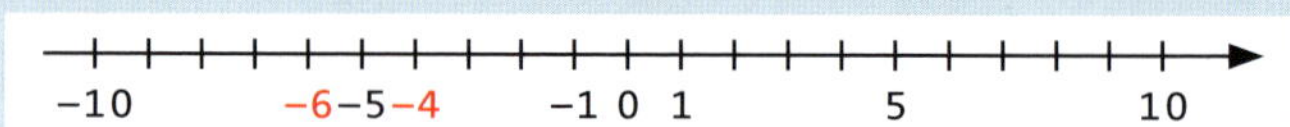

$\mathbb{Z} = \{..., -3, -2, -1, 0, 1, 2, 3, ...\}$

Und übrigens: Das Minuszeichen **muss** vor einer negativen Zahl stehen, das Pluszeichen vor einer positiven Zahl kann man auch weglassen.

PacPoc

Eben. Mal ein anderes Beispiel: 6 € Schulden stehen auf einem Kontoauszug mit einem Minus davor. Und 6 € Schulden sind mehr als 4 € Schulden.

zero

Mehr? Hat Einstein nicht eben gesagt, −6 wäre kleiner als −4?

?

Einstein

Hab ich gesagt, stimmt auch. Die Zahl −6 ist kleiner als die Zahl −4. Was PacPoc meint, ist der ***Betrag*** der Schulden. Und weil eben −6 kleiner ist als −4, steht es auf der Zahlengerade weiter weg von der 0 – anders ausgedrückt, das Konto ist tiefer im Minus. **Der Abstand einer Zahl zur 0 ist der Betrag einer Zahl.** Hast du auf dem Konto 6 €, ist der Betrag deines Guthabens 6 €, ist dein Konto aber 6 € im Minus, der Kontostand also −6 €, haben deine Schulden ebenfalls den Betrag 6 €.

KrizZy

Dazu kann ich auch was beitragen! ☺ −6 und 6 sind ***Gegenzahlen*** oder entgegengesetzte Zahlen, weil beide verschieden sind, aber **denselben Betrag haben!** Bin ich gut? Aber wie schreibt man noch mal einen Betrag?

?

Einstein

Du bist super, KrizZy! ☺ Einen Betrag schreibt man so:

$|-6| = 6$ bzw. $|6| = 6$

Das heißt: Betrag von −6 gleich 6; Betrag von 6 gleich 6.

Ich zeichne hier noch mal einen Zahlenstrahl hin, damit es für zero anschaulicher wird:

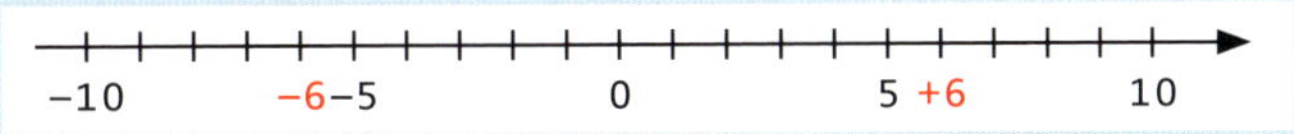

zero

😎 Danke – jetzt hab ich's!

1 Trage die Zahlen auf der Zahlengeraden ein.

−3, 5, −1, −8, −5, 7, −2, 3

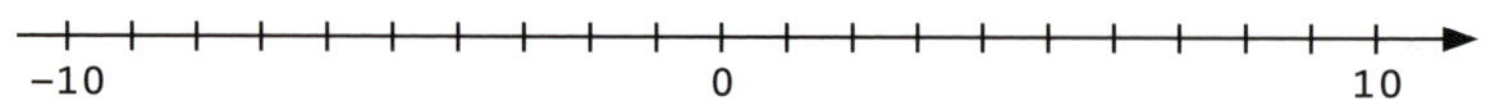

2 Welche Zahlen sind hier gesucht?

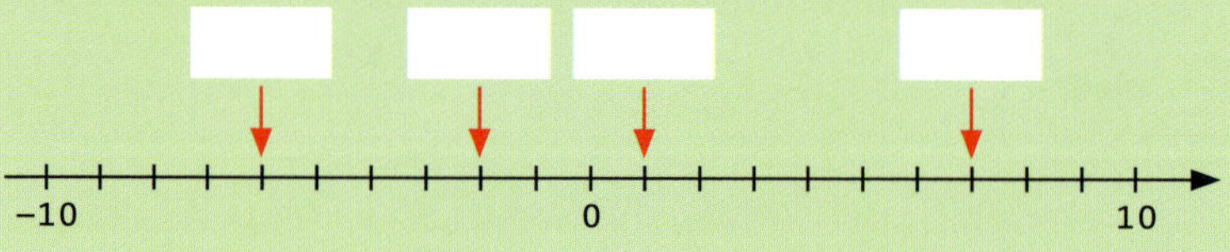

3 Setze die Zeichen größer (>), kleiner (<) oder gleich (=) ein, sodass eine wahre Aussage entsteht.

a | 9 ☐ 7

b | −9 ☐ −7

c | 13 ☐ −15

d | −99 ☐ −98

e | −1001 ☐ 1200

f | −10 000 ☐ −9998

4 Nenne jeweils den Vorgänger und den Nachfolger.

	VORGÄNGER	ZAHL	NACHFOLGER
a	19		
b		−18	
c			101
d		−100	

5 Wie groß ist der Abstand von …

a | −5 °C und 10 °C?

b | −8 € und −1 €?

c | −1 m und 25 m?

d | −25 °C und 25 °C?

6 Gib jeweils fünf Zahlen an, die ...

a | kleiner sind als −5;
b | größer sind als −4;
c | kleiner sind als 1;
d | größer sind als 3.

7 Hättest du lieber mehr oder weniger? Begründe.

	mehr	weniger
a | Ich hätte gerne 5 €.	☐	☐
b | Franzi hat 3 € Schulden.	☐	☐
c | Es ist 12 °C unter null. Ich friere ...	☐	☐
d | Ich habe Hunger und freue mich auf ein Stück Schokolade.	☐	☐
e | Wir stehen in diesem Tal 10 Meter unter dem Meeresspiegel und müssen jetzt bis auf die Normalhöhe hinauflaufen.	☐	☐
f | Auf Philipps Konto sind 100 €.	☐	☐
g | Es sind 3 °C. Wir möchten Schlittschuhlaufen gehen.	☐	☐

8 Löse die Textaufgaben zu Kontoständen.

a | Frau Lange hat auf ihrem Konto 2000 €. Die Bank hat ihr zugesagt, dass sie ihr Konto 1500 € überziehen darf. Wie viel Geld kann sie für den Kauf eines neuen Autos einplanen?

b | Herr Willmer hat sein Konto um 750 € überzogen. Er kann nur 250 € pro Monat zurückzahlen. Wie lange dauert es, bis er sein Konto wieder ausgeglichen hat?

c | Sebastian hat 30 €. Da er bei Anke, Kathrin, Jost, Daniel und Niklas jeweils 15 € Schulden hat, muss er sein Konto überziehen. Wie viel Geld muss er von der Bank leihen, wenn er bei seinen Freunden alle Schulden zurückzahlen will?

zero

Und wie rechne ich dann mit diesen Zahlen? Das ist doch ganz schön durcheinander mit + und –, wenn ich damit dann auch noch + und – rechnen soll. 😟

PacPoc

Dann mach es doch anschaulich mit **Pfeilbildern** auf der Zahlengeraden. Für negative Zahlen zeichnest du einen Pfeil nach links, für positive einen Pfeil nach rechts. Und dann addierst du zwei Zahlen, indem du den Anfang des zweiten Pfeils an die Spitze des ersten setzt. Ich hab das hier mal aufgezeichnet:

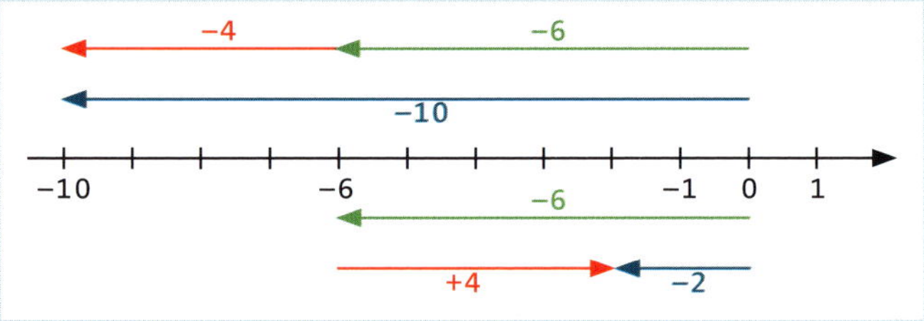

6 € Schulden und 4 € Schulden sind 10 € Schulden.
6 € Schulden und 4 € Guthaben sind nur noch 2 € Schulden. Das ist irgendwie logisch, finde ich.

Einstein

Du *addierst* zwei ganze Zahlen mit **demselben Vorzeichen,** indem du die Beträge addierst und dem Ergebnis das gemeinsame Vorzeichen gibst:

$(-3) + (-4) = -(|-3| + |-4|) = -7$

Haben die Zahlen **unterschiedliche Vorzeichen,** subtrahierst du den kleineren Betrag vom größeren und gibst dem Ergebnis das Vorzeichen der Zahl mit dem größeren Betrag:

$(-6) - (+2) = -(|-6| - |+2|) = -(6 - 2) = -4$

Du *subtrahierst* eine ganze Zahl von einer anderen, indem du die Gegenzahl addierst:

$5 - 3 = 5 + (-3)$ $\qquad$ $4 - (-7) = 4 + (+7)$

PacPoc

Ist ja ziemlich verwirrend, dass + und – als Vorzeichen auftauchen und auch als Rechenzeichen. Aber du kannst **Vorzeichen und Rechenzeichen auch zusammenfassen:** Sind beide gleich, ergibt das +:

$2 + (+4) = 2 + 4 = 6$ $\qquad$ $2 - (-4) = 2 + 4 = 6$

Sind beide unterschiedlich, ergibt das –:

$2 - (+4) = 2 - 4 = -2$ $\qquad$ $2 + (-4) = 2 - 4 = -2$

KrizZy

Was mache ich denn mit sowas hier: $6 \cdot (-7)$?
Oder $(-12) \cdot 3 \cdot (-8)$? Da sind die Vorzeichen ja auch alle unterschiedlich, und was kommt am Ende raus?

?

Einstein

Wir haben in der Schule für die Vorzeichen bei der ***Multiplikation*** und der ***Division*** Rechenregeln gelernt, auf die man besonders achten muss. Unser Lehrer hatte so eine Tabelle in Kurzform, die man sich gut merken kann:

+ · + = +	+ : + = +
+ · − = −	+ : − = −
− · + = −	− : + = −
− · − = +	− : − = +

Für dein Beispiel heißt das: $6 \cdot (-7) = -42$

$(-12) \cdot 3 \cdot (-8) = (-36) \cdot (-8) = +288$

Und bei der Division ist es analog:

$(-6) : 2 = -3 \qquad (-6) : (-2) = 3$

PacPoc

Das kannst du dir leicht merken: ***Immer wenn zwei gleiche Vorzeichen dastehen, ist das Ergebnis positiv und bei verschiedenen Vorzeichen negativ.*** Wenn du viele Faktoren hast, zähl die Vorzeichen einer Sorte – das Ergebnis ist **positiv,** wenn entweder **alle** Faktoren positiv sind oder es eine **gerade Anzahl negativer** Faktoren gibt. Wenn die Anzahl **negativer Faktoren ungerade** ist, ist das Ergebnis **negativ.**

Einstein

Und hier ein Gratistipp von mir ☺: Ganz einfach ist es, wenn du dir erst überlegst, welches Vorzeichen das Ergebnis haben muss, und du dann ganz normal rechnest, z. B.: $-65 : (+13) = ?$; überlege:

− : + = −

dann rechne: $65 : 13 = 5$; also ist $-65 : (+13) = -5$!

Und nicht vergessen, die ***Vorfahrtsregeln,*** **Assoziativgesetz, Kommutativgesetz und Distributivgesetze** gelten genauso wie für die natürlichen Zahlen (s. Seiten 19, 23, 24, 25)!

9 **Zeichne jeweils eine Zahlengerade und zeichne die folgenden Rechnungen als Pfeilbilder ein.**

a | $(-3) + (-5)$
b | $(-7) - (+6)$
c | $(+9) - (+2)$
d | $(-8) - (-9)$

10 **Berechne.**

a | $(-2) + (+3) =$ ☐
b | $11 + (-18) =$ ☐
c | $-4 - (-8) =$ ☐
d | $-(-3) + 23 - (+19) =$ ☐

11 **Bestimme die Zahlen, die in die Kästchen gehören.**

a | $8 +$ ☐ $= 1$
b | $-7 +$ ☐ $= 12$
c | ☐ $- (-12) = 16$
d | ☐ $- (+22) = -54$

12 **Setze Rechenzeichen ein, sodass eine korrekte Aufgabe entsteht. (Es gibt manchmal nicht nur eine Lösung!)**

a | 10 ☐ (+10) ☐ (+30) ☐ (+10) = 20
b | −17 ☐ (+18) ☐ (−7) ☐ (−12) = 20
c | −34 ☐ (+3) ☐ (−15) ☐ (+4) = −20

13 **Löse die Zahlenrätsel.**

a | Wie viel muss man zu −7 addieren, um 37 zu erhalten?
b | Welche Zahl muss man von 125 subtrahieren, um −76 zu erhalten?

14 **Der Bau der Pyramiden von Gizeh begann 2620 vor Christus. Wie lang ist das her, wenn heute das Jahr 2013 ist?**

15 „Im April macht das Wetter, was es will", sagt man. Wann war der Temperaturunterschied am größten?

TAG	MO	DI	MI	DO	FR	SA	SO
Morgen	5 °C	−2 °C	8 °C	5 °C	−5 °C	10 °C	7 °C
Mittag	12 °C	15 °C	15 °C	8 °C	10 °C	21 °C	11 °C
Abend	15 °C	20 °C	15 °C	10 °C	5 °C	12 °C	9 °C

16 Sophie schaut ihren Kontoauszug an. Leider hat der Drucker nicht alles gedruckt. Deshalb fülle den Auszug aus. Wie viel hat sie am 31.8. auf ihrem Konto?

DATUM	VERÄNDERUNG IN €	KONTOSTAND IN €
1.8.		248
5.8.	−50	
7.8.		78
20.8.	+400	
31.8.	−398	

17 Berechne mithilfe der dir schon bekannten Rechenregeln.

a | (−12 − 22) − (15 − 35)
b | 100 − (2 − 58)
c | [(34 + 47) − (105 − 210)] − (−18)
d | [200 − [−20 − (−80)] + (81 − 125)]

18 Berechne.

a | (+2) · (+11)
b | (+14) · (−5)
c | (−7) · (+8)
d | (−12) · (−15)

19 Berechne.

a | (−45) : (+9)
b | (+108) : (−12)
c | (−172) : (−2)
d | (+165) : (+33)

20 **Setze die Vorzeichen so ein, dass richtige Rechnungen entstehen.**

a | $(-56) : (\square 8) = -7$

b | $(+144) : (\square 12) = -12$

c | $(-1200) : (\square 30) = +40$

d | $(+63\,000) : (\square 105) = 600$

21 **Setze das richtige Zeichen (>, < oder =) ein, sodass wahre Aussagen entstehen.**

a | $(+108) : (-12) \;\square\; (-144) : (+8)$

b | $(-1260) : (-30) \;\square\; (+6) \cdot (-7)$

c | $(+14) \cdot (-9) \;\square\; (-18) \cdot (-6)$

22 **Berechne.**

a | $-3 \cdot [-11 + (-25)]$
b | $[(+3)(+128 - (+44) \cdot (+3))] \cdot 2 - 47$
c | $(-4) \cdot (-4) \cdot (-2) \cdot (-2) \cdot (-1)$

23 **Berechne.**

a | $(-2)^3$
b | $-3 \cdot (-4)^2$
c | $81 : (-9) + 49 : (-7)^2$
d | $[(-79 - (+21) \cdot (-4)) \cdot 10] - (-3)^3$

24 **Subtrahiere die Differenz aus –52 und –63 von der Summe aus 98 und –49 und multipliziere das Ergebnis mit –2.**

25 **Begründe.**

$(-1) \cdot (-1) \cdot (-1) \cdot (-1) \ldots (-1) \cdot (-1) \cdot (-1) \cdot (-1) = \pm 1$

5 GRUNDBEGRIFFE DER GEOMETRIE

BEISPIEL

Die meisten Zimmer haben **rechte Winkel,** das sind 90°-Winkel. Jeweils zwei gegenüberliegende Wände verlaufen **parallel,** zwei nebeneinanderliegende Wände sind **senkrecht** zueinander.

VERWENDUNG

Beim Bauen und Konstruieren muss man genau schauen, ob die **Geraden** alle den **Abstand** haben, den sie haben sollen, und ob die **Winkel** alle den richtigen Wert haben.

WIEDERHOLEN

Das kennen wir schon:
- Ecken, Seiten, Kanten
- Umgang mit Lineal und Geodreieck

KrizZy

Leute, wir haben heute in der Schule mit *Geometrie* angefangen und mit Strecken, Geraden und Halbgeraden gearbeitet. Ich versuch gerade, die Hausaufgaben zu machen. Was sind die Unterschiede?

?

Einstein

– Eine *Strecke* geht auf dem **kürzesten Weg** von einem Punkt zum anderen, sie hat also **zwei Enden.**
– Eine *Halbgerade* hat zwar **einen Anfang** in einem Punkt, aber **kein Ende.** Sie geht ins Unendliche. Man sagt auch *Strahl* dazu.
– Eine *Gerade* hat weder Anfang noch Ende. Sie geht auf beiden Seiten bis ins **Unendliche.**

Unsere Lehrerin sagt immer: „Wenn du eine Strecke zeichnest, zeichne an den Enden einen kleinen Strich, damit du beim Messen genau ablesen kannst, wie lang die Strecke ist."

PacPoc

Ja genau, und eine Gerade zeichnest du über die Punkte hinaus, sonst meint man, sie würde an den Punkten aufhören, und das soll sie ja eben nicht.

Einstein

Und damit man weiß, wovon geredet wird, schreibt man „Gerade g durch A und B" bzw. „Strecke AB". Da Strecken zwei Endpunkte haben, kannst du sie messen, sie haben eine feste *Länge.* Die Länge bezeichnet man mit $\overline{AB}$.

KrizZy

O.k. Aber in der Hausaufgabe hier sollen sich zwei Geraden schneiden und dabei *senkrecht* aufeinanderstehen. 😧 Was heißt denn das nun wieder? Und wie zeichne ich das?

?

PacPoc

Senkrecht heißt, dass sie einen Winkel von 90° einschließen, also einen rechten Winkel. Sieh dich mal um – ich wette, die meisten Linien um dich herum stehen auf einer anderen senkrecht, wie die beiden Tischkanten, die sich in der Ecke treffen.

Einstein

Wenn du dein Geodreieck mit der Mittellinie auf die eine Gerade (g) legst, siehst du, ob die Geraden senkrecht zueinander sind. Wenn sie in einem 90°-Winkel stehen, läuft die zweite Gerade (h) nämlich genau an der Kante des Geodreiecks entlang. Ich zeigs dir:

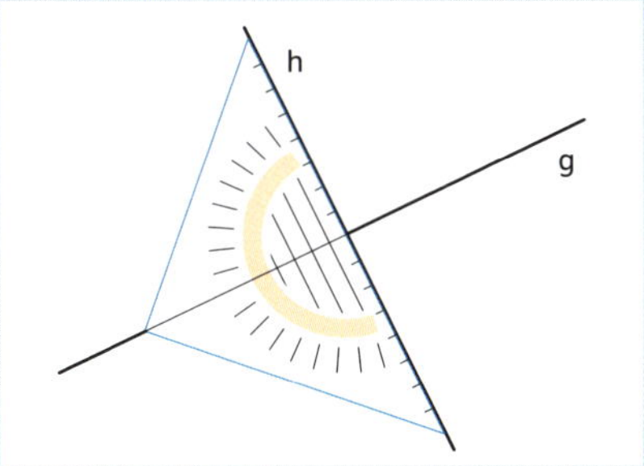

Du musst übrigens nicht immer schreiben „die Gerade g steht senkrecht auf der Geraden h". Du schreibst einfach **$g \perp h$,** oder wenn sie es eben nicht sind, schreibst du **$g \not\perp h$.**

PacPoc

Natürlich gilt es auch jeweils umgekehrt – wenn $g \perp h$ ist auch $h \perp g$.

KrizZy

Na gut. Ja, seh ich ein. Aber die Aufgabe geht noch weiter, ich muss euch noch mal nerven – was ist, wenn die Geraden *parallel* stehen sollen?

Einstein

Zwei Geraden, die überall den gleichen Abstand zueinander haben, sind parallel. Kannst du auch ganz leicht sehen, wenn du dein Geodreieck mit der langen Kante auf die eine Gerade legst. Wenn nun die andere genau an einer der aufgedruckten Linien liegt, sind beide parallel. Ich zeigs dir:

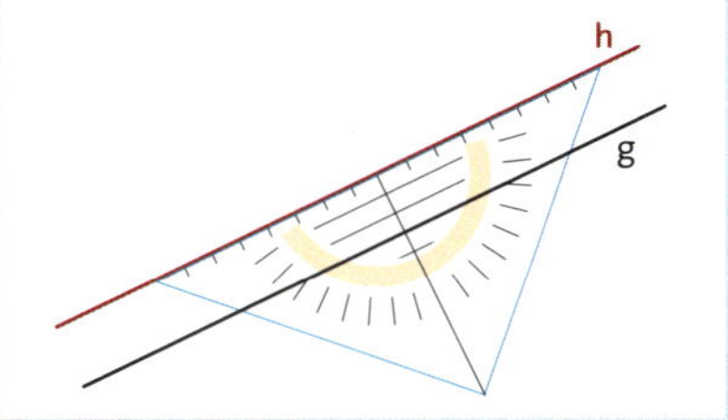

PacPoc

Kenn ich, haben wir auch gerade gemacht. Hier kann man auch faul sein und für „g ist parallel zu h" einfach schreiben: **g∥h** oder für „g ist nicht parallel zu h" einfach: **g∦h**. So wie hier:

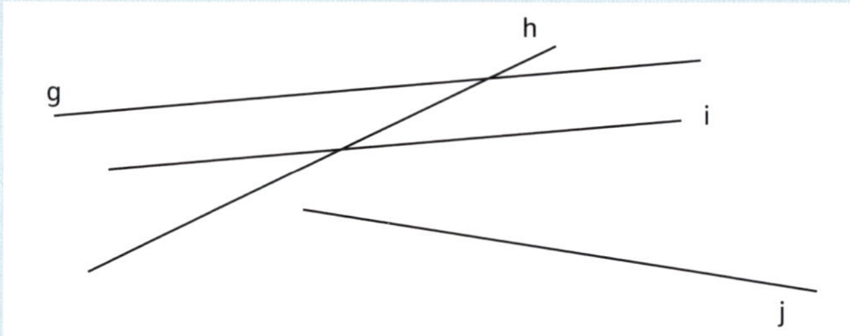

Hier sind: g∥i; g∦h; g∦j; h∦i; h∦j und i∦j.

KrizZy

Ich nehme mal an, hier ist es genauso wie bei den Senkrechten. Wenn g∥i, ist auch i∥g! 😎
Jetzt soll ich hier aber noch den Abstand zwischen zwei parallelen Geraden messen. Wie mach ich das denn? Was ist denn der ***Abstand?***

?

Einstein

Der Abstand ist die senkrechte Verbindung zwischen zwei Geraden – oder zwischen einer Geraden und einem Punkt.

PacPoc

Du zeichnest also einfach eine Senkrechte durch die Parallelen und misst den Abstand der beiden Schnittpunkte von der Senkrechten und den beiden Parallelen. Ich mach dir mal eine Skizze.

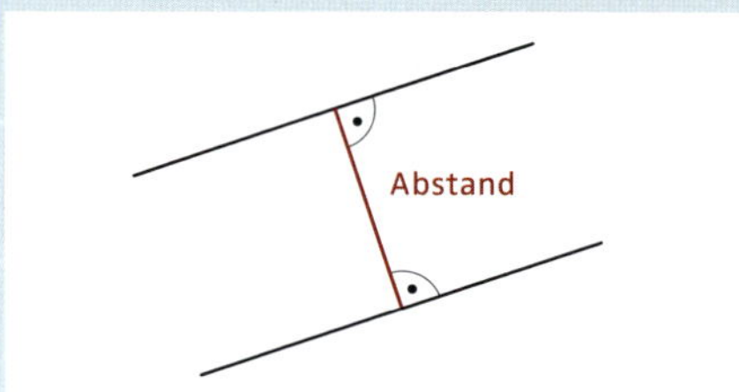

1 Zeichne eine Gerade durch A und B, eine Strecke AC und einen Strahl von A durch D.

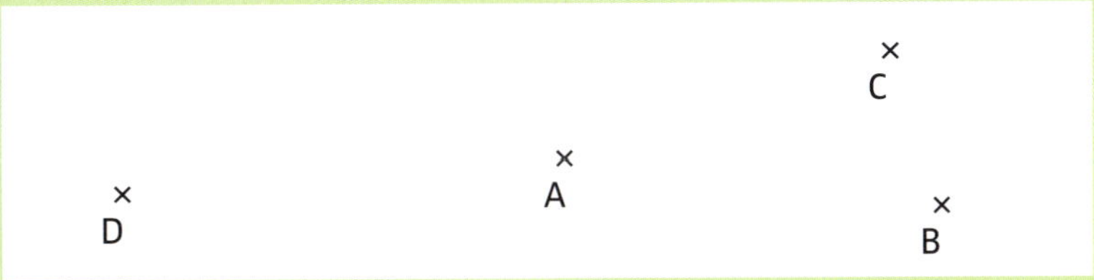

2 Gib an, welches eine Gerade, welches eine Strecke und welches ein Strahl ist.

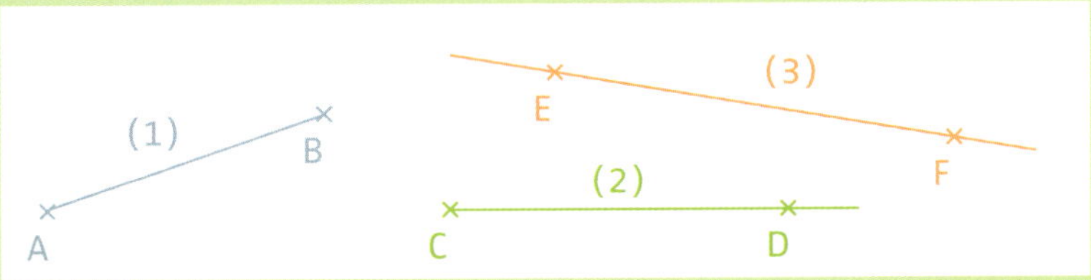

3 Zeichne durch die Punkte A, B, C und D so viele verschiedene Geraden wie möglich. Wie viele Schnittpunkte haben deine Geraden?

4 Miss die abgebildeten Strecken.

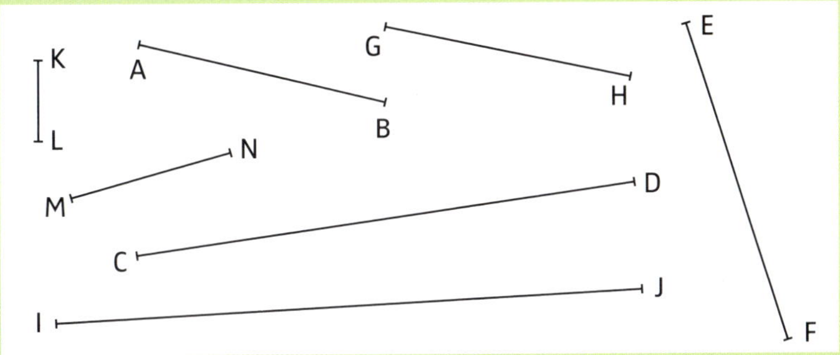

5 **Zeichne die Strecken mit den angegebenen Längen.**

a | $\overline{AB} = 5$ cm
b | $\overline{CD} = 3$ cm
c | $\overline{EF} = 2$ cm
d | $\overline{GH} = 4$ cm

6 **Wie viele verschiedene Strecken kannst du hier finden? Gib sie mit ihren Endpunkten an, zum Beispiel BD.**

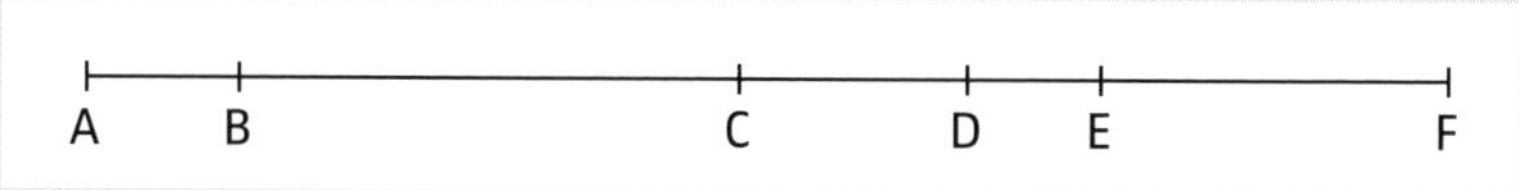

7 **Bestimme, welche Geraden senkrecht zueinander stehen und welche nicht.**

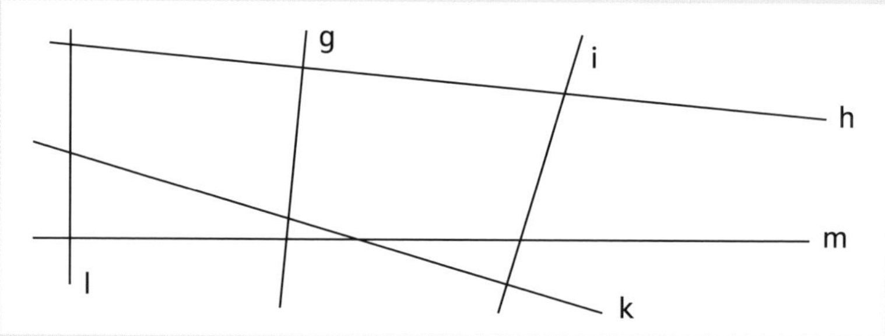

8 **Zeichne eine Gerade g und eine Gerade h senkrecht zu g. Zeichne eine Gerade k, die senkrecht zu h, aber nicht zu g ist, und eine Gerade m, die senkrecht zu g, aber nicht zu h ist.**

9 **Finde Beispiele aus deiner Umwelt, wo Geraden senkrecht aufeinander stehen.**

10 **Finde Beispiele aus deiner Umwelt, wo Geraden parallel zueinander sind.**

11 **Zeichne die Strecke AB mit der Länge $\overline{AB} = 5$ cm. Miss die Hälfte der Strecke aus und markiere den Punkt mit P.**
Zeichne eine Senkrechte zu AB durch P.

12 Gegeben sind die Geraden g, h und k. Zeichne durch die Punkte P jeweils eine Senkrechte zu der jeweiligen Geraden.

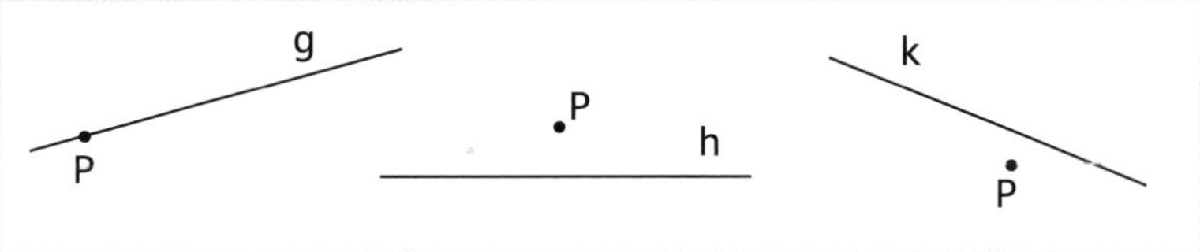

13 Zeichne drei parallele Geraden g, h und k in beliebigem Abstand.

14 Gib an, welche Geraden hier parallel zueinander sind und welche nicht.

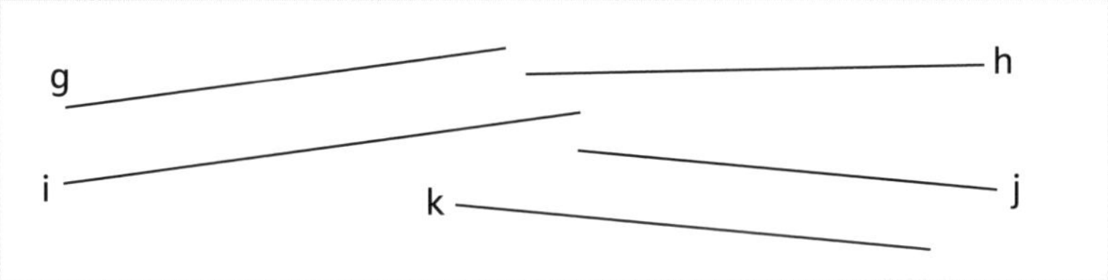

15 Gib an, welche Geraden hier parallel sind und welche senkrecht aufeinanderstehen.

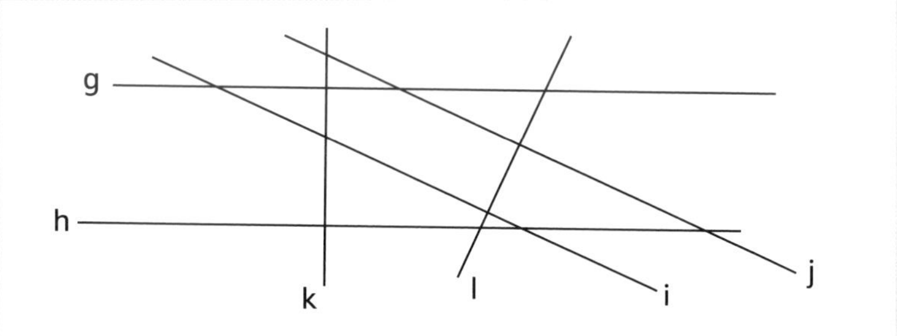

16 Zeichne zwei Geraden g und h, die senkrecht aufeinanderstehen. Zeichne eine Gerade m, die parallel zu g ist. Was fällt dir auf?

17 Zeichne ein kleines Dreieck. Zeichne zu jeder Seite eine Parallele im Abstand von 1 cm, sodass wieder ein Dreieck entsteht. Wiederhole das mehrmals.

KrizZy

Helft mir mal – in meiner Hausaufgabe muss einer einen Bock bauen, mit einem Winkel der Beine von 30°. Aber wie mache ich das?

?

Einstein

Erst mal allgemein: Wenn sich zwei Geraden schneiden, treffen sie sich unter einem bestimmten **Winkel.** Den Schnittpunkt – der die „Spitze" des Winkels bildet – nennt man **Scheitelpunkt** des Winkels. Die beiden Halbgeraden, die vom Scheitelpunkt ausgehen und den Winkel „einrahmen", nennt man **Schenkel.**

PacPoc

Und jetzt praktisch ☺: Du zeichnest den einen Schenkel – das eine Bein deines Bocks – und legst dein Geodreieck mit der Kante genau an den Schenkel an, und zwar so, dass die 0 an dem Ende des Beins liegt, an dem du den Winkel antragen willst. Siehst du am Rand des Geodreiecks die Beschriftung mit Winkelangaben? Bei 30° machst du dir einen Hilfspunkt. Vom Ende des Beins zeichnest du nun eine Halbgerade durch den Hilfspunkt (das ist das andere Bein). Die beiden Beine sind die Schenkel des 30°-Winkels.

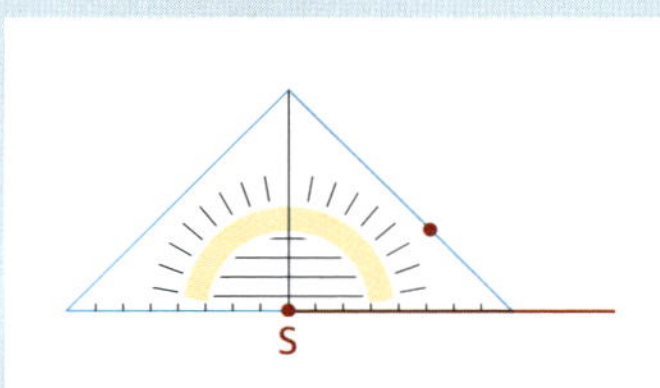

Und **messen** geht genauso. Du legst dein Geodreieck an den einen Schenkel und misst, wo der andere Schenkel die Winkelskala des Geodreiecks kreuzt. Falls der 2. Schenkel zu kurz ist, verlängerst du ihn einfach, dann kannst du besser ablesen.

zero

Cool, dass ihr gerade über Winkel redet – ich hatte das heute Morgen auch in der Schule und keinen blassen Schimmer, wie das mit der Bezeichnung funktioniert. Da gab es so viele Möglichkeiten ...

?

Einstein

Winkel werden meistens mit einem kleinen Bogen gekennzeichnet und mit einem griechischen Buchstaben benannt. Die wichtigsten schreibe ich euch mal auf:

α Alpha **β Beta**

γ Gamma **δ Delta**

Du kannst den Winkel aber auch mithilfe der Schenkel bezeichnen: $\sphericalangle gh$

Oder du nimmst den Scheitelpunkt und je einen Punkt auf den Schenkeln: $\sphericalangle ASB$

Dabei musst du aber aufpassen – Winkel **werden gegen den Uhrzeigersinn** bezeichnet!

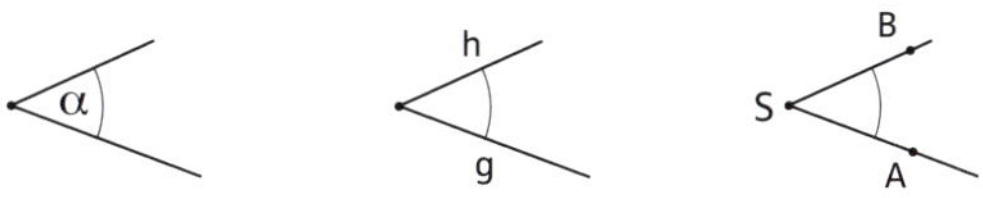

KrizZy

Danke zero, brauchte ich die Frage nicht zu stellen ☺. Aber, oh Mann, wir sollen auch noch **spezielle Winkel** kennen. Wisst ihr, was es da für welche gibt?

?

Einstein

Man **unterscheidet die Winkel nach ihrer Größe.** Am besten zeichne ich die mal auf:

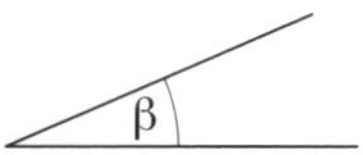

spitzer Winkel ($\beta < 90°$)

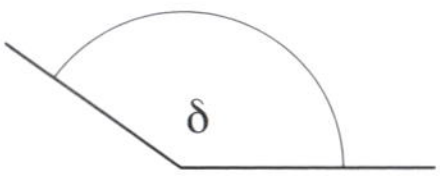

stumpfer Winkel ($90° < \delta < 180°$)

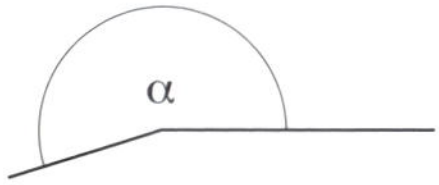

überstumpfer Winkel ($180° < \alpha < 360°$)

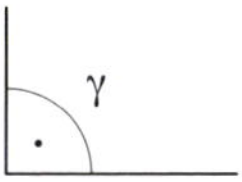

rechter Winkel ($\gamma = 90°$)

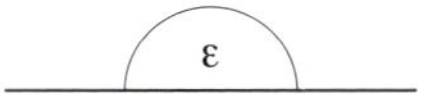

gestreckter Winkel ($\varepsilon = 180°$)

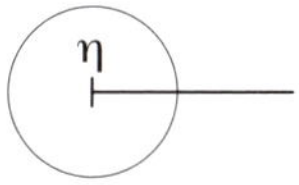

Vollwinkel ($\eta = 360°$)

PacPoc

Damit kannst du überprüfen, ob du richtig gezeichnet hast. Sollst du einen Winkel mit 70° zeichnen und du erhältst einen stumpfen Winkel, kann etwas nicht stimmen, denn ein stumpfer Winkel ist zwischen 90° und 180° groß, 70° sind aber weniger.

18 **Zeichne die angegebenen Winkel in dein Übungsheft.**

a | 30°
b | 60°
c | 85°
d | 10°

19 **Zeichne folgende Winkelarten. Zeichne zu allen Winkeln auch den Winkelbogen ein.**

a | spitzer Winkel
b | gestreckter Winkel
c | rechter Winkel
d | überstumpfer Winkel

20 **Miss die abgebildeten Winkel.**

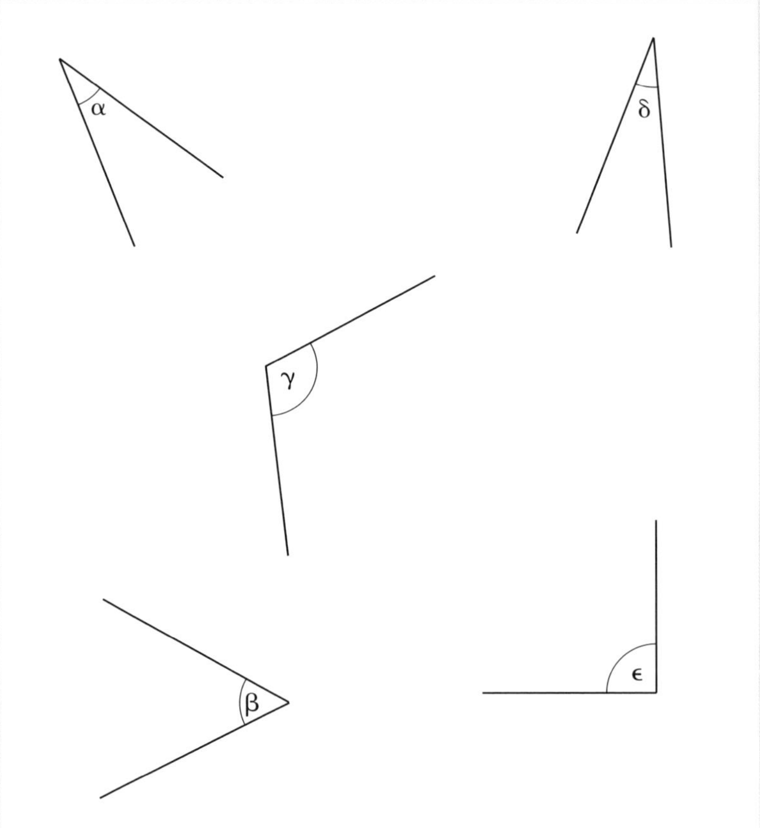

21 **Zeichne die folgenden Uhrzeiten mit einer Zeigeruhr in dein Heft. Miss die Winkel zwischen den Zeigern.**

a | 12.15 Uhr　　b | 18.10 Uhr
c | 8.50 Uhr　　d | 21.15 Uhr

22 **Ein Vollwinkel hat 360°. Kannst du zu den Winkeln aus Aufgabe 21 berechnen, wie groß die Winkel auf der anderen Seite der Zeiger jeweils sind?**

23 **Zeichne eine Strecke AB mit der Länge 6 cm. Trage an A einen Winkel mit $\alpha = 50°$ an. Trage an B einen Winkel $\beta = 40°$ an. Zeichne die Schenkel so lang, dass sie sich schneiden. Der Schnittpunkt ist Punkt C. Wie groß ist der Winkel bei C?**

24 **Betrachte die abgebildete Figur. Trage die angegebenen Winkel mit farbigen Kreisbögen ein.**

$\alpha = \sphericalangle EAB$
$\beta = \sphericalangle af$
$\gamma = \sphericalangle BCD$
$\delta = \sphericalangle CDE$
$\epsilon = \sphericalangle df$

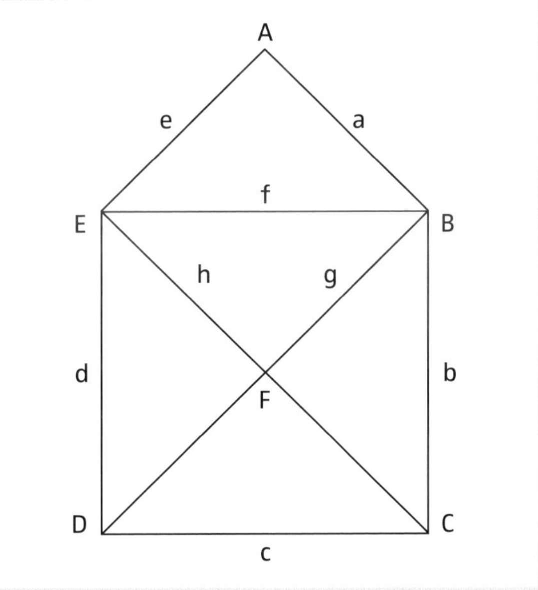

zero

Hilfe! **Koordinatensystem** – was ist das? Wozu brauche ich das? Wie mach ich das? Null Ahnung von gar nix ...

?

PacPoc

Na, kennst du nicht das Spiel „Schiffe versenken"? Dort hat doch jeder der beiden Spieler „Schiffe" in einem Rastersystem, das der andere nicht sehen darf. Dann fragt man nach den Schiffen, indem man z.B. sagt „B3". Das bedeutet dann, in Buchstaben-Richtung bis B und in Zahl-Richtung bis 3. Wo sich beide Linien kreuzen, ist B3.

Einstein

Stimmt, in einem Koordinatensystem ist es im Grunde dasselbe: Es hat zwei Achsen: die *x-Achse* **waagerecht** und die *y-Achse* **senkrecht.** Der Punkt, indem sich beide Achsen schneiden, heißt *Koordinatenursprung* oder kurz *Ursprung.*

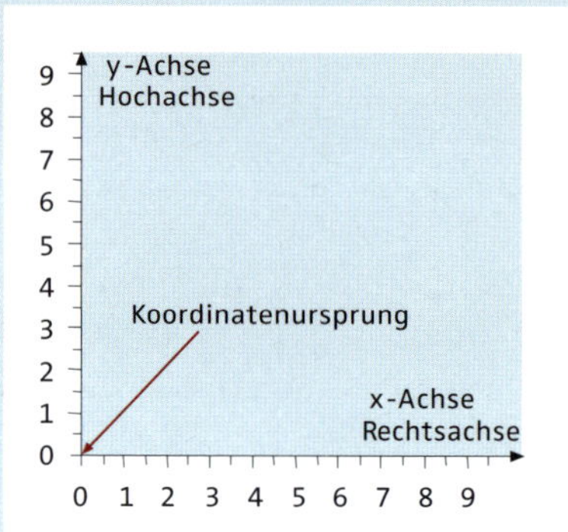

Die Pfeile an den Achsen zeigen immer in die Richtung, in der die Zahlen größer werden.

zero

Gut, das ist also ein Koordinatensystem – aber wo sind denn jetzt die Koordinaten? Wie krieg ich die? 😟

?

Einstein

Wenn du Punkte in das Koordinatensystem einzeichnen willst, gibst du die Koordinaten an, genau wie bei den versenkten Schiffen. Der **x-Wert gibt die Lage in waagerechter Richtung** an, der **y-Wert die Lage in senkrechter Richtung.**

PacPoc

Nimm doch ein Beispiel, ist doch viel anschaulicher. Also zeichne mal den Punkt P(3|4) ein. Die x-Koordinate steht vorn, die y-Koordinate an zweiter Stelle. Das heißt also, du gehst vom Ursprung aus in x-Richtung 3 Einheiten nach rechts und in y-Richtung 4 Einheiten nach oben. Im Punkt sind die Koordinaten immer in alphabetischer Reihenfolge angegeben – das kann man gut behalten.

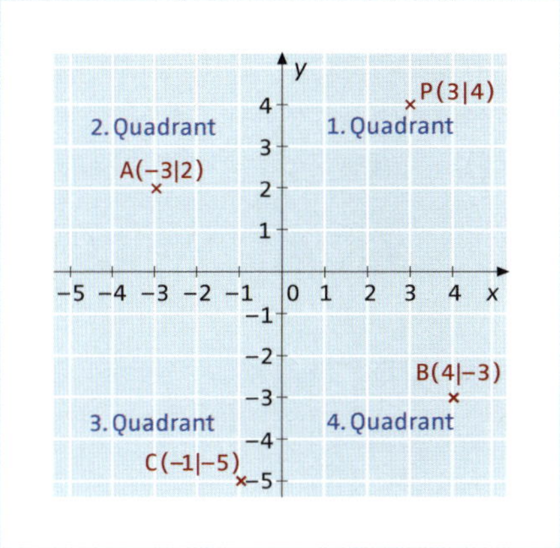

Positive x-Werte liegen rechts vom Ursprung, negative links. Positive y-Werte liegen oberhalb vom Ursprung, negative unterhalb.

zero

Kapiert! Und der Punkt A(−3|2) liegt dann 3 Einheiten nach links und 2 nach oben. B(4|−3) liegt 4 Einheiten nach rechts und 3 nach unten. Alles klar. Oder ... Wenn ich den Punkt nun schon habe, und seine Koordinaten wissen will?

?

PacPoc

Ablesen funktioniert genauso. Du schaust dir den Punkt an, zählst ab, wie weit nach rechts oder links, oben oder unten er liegt, und gibst zuerst die x-Richtung und dann die y-Richtung an.

Einstein

Übrigens, die vier Felder des Koordinatensystems nennt man ***Quadranten.*** Man fängt oben rechts an und zählt dann gegen den Uhrzeigersinn.

25 **Zeichne ein Koordinatensystem mit der Einheit 1 cm und trage die Punkte dort ein.**

A(2|5); B(4|1); C(−3|4); D(−4|−2)

26 **Zeichne ein Koordinatensystem mit der Einheit 1 cm. Die x-Achse geht von −4 bis 6, die y-Achse von −5 bis 7.**

a | Trage die Punkte dort ein:
A(−3|−4); B(3|−2); C(1|4); D(5|2); E(2|6)

b | Zeichne nun Geraden jeweils durch …
A und B; A und D; D und C; E und C; E und D; C und B

27 **Gib die Koordinaten der Punkte A bis F an.**

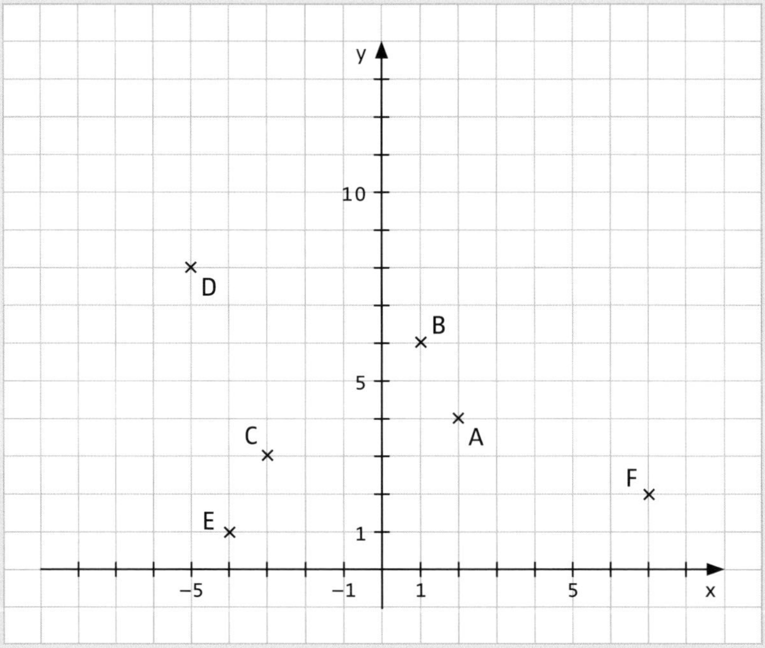

A	B
C	D
E	F

28 **Zeichne ein Koordinatensystem mit der Einheit 1 cm. Die x-Achse soll von 0 bis 10 reichen, die y-Achse von 0 bis 6. Bearbeite die Aufgaben in dem Koordinatensystem.**

a | Trage die Punkte in das Koordinatensystem ein.
A(1|5); B(5|5); C(1|1); D(5|1)

b | Verbinde die Punkte. Was erhältst du für eine Figur?

c | Verschiebe diese Figur als Ganzes. Der Punkt A soll bis zu A_2(6|4) verschoben werden und allen anderen Punkte in gleicher Weise. (Tipp: Zeichne einen Pfeil von A nach A_2. Zeichne dann parallele und gleich lange Pfeile an B, C und D. Wo liegen die Spitzen der Pfeile?)

d | Benenne die Koordinaten der Eckpunkte der neuen Figur.

29 **Bearbeite die Aufgaben in dem abgebildeten Koordinatensystem.**

a | Trage die Punkte in das Koordinatensystem ein.
A(2|2); B(5|2); C(5|6)

b | Verbinde die Punkte. Was erhältst du für eine Figur?

c | Miss die Innenwinkel der Figur.

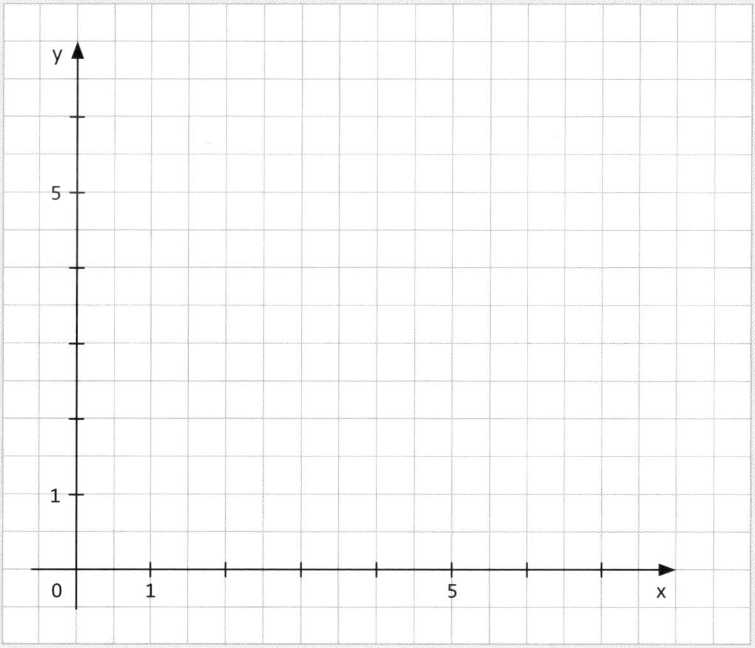

KrizZy

Hi Team, ich hab hier ein Bild von einem Schmetterling und soll herausfinden, was an dem *symmetrisch* ist. Ich komm mir vor wie in Bio, dabei gehts um Mathe! Kennt sich da jemand von euch aus?

?

PacPoc

Klar, der ist *achsensymmetrisch.* Wenn das geht, schneid ihn aus und falte ihn längs des Körpers. Dann sollten beide Seiten genau übereinanderliegen. Einstein würde das jetzt sicher „deckungsgleich" nennen. ☺

Einstein

Läster nicht ☺. **Achsensymmetrisch ist eine Figur, wenn die Punkte der einen Seite den gleichen Abstand zur** *Symmetrieachse* **haben wie die entsprechenden auf der anderen Seite.** Wenn du einen Spiegel auf die Symmetrieachse hältst, siehst du, wie die andere Seite aussehen muss, damit es symmetrisch ist. Deshalb nennt man die Symmetrieachse auch *Spiegelachse.* In deinem Flatterling läuft die Symmetrieachse entlang der „Wirbelsäule" – wenn ein Schmetterling überhaupt eine hat. ☺

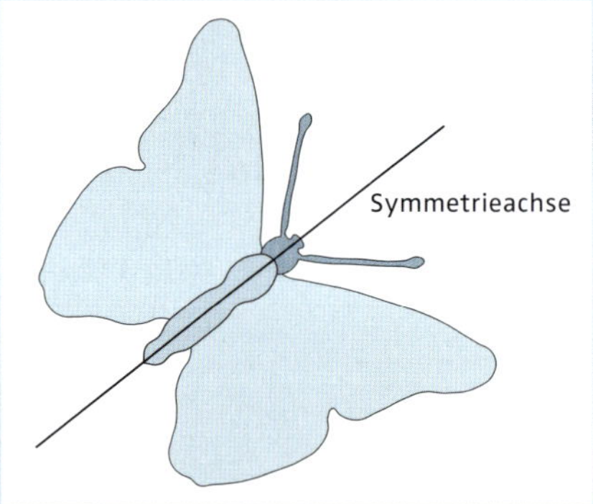

PacPoc

Eigentlich ist das auch gar nix Besonderes, viele Figuren sind achsensymmetrisch. Ein A hat auch eine Symmetrieachse, nämlich eine senkrechte.

KrizZy

Hab ich kapiert. Ich probier jetzt mal, selbst was Achsensymmetrisches zu zeichnen. Oder ... ich glaub, ich brauch doch noch mal eure Hilfe. ☹

?

Einstein

Ist nicht so schwer. Zeichne eine Hälfte der Figur und spiegle sie an der Symmetrieachse. Die fertige Figur ist dann achsensymmetrisch. Leg dein Geodreieck mit der Mittellinie auf die Symmetrieachse; miss, wie weit der zu spiegelnde Punkt von der Achse entfernt ist und zeichne ihn genauso weit entfernt auf die andere Seite der Symmetrieachse. Der gespiegelte Punkt zu A heißt dann A', der von B heißt B' usw. Wenn man mag, kann man als Hilfe auch eine gestrichelte Linie von A zu A' zeichnen.

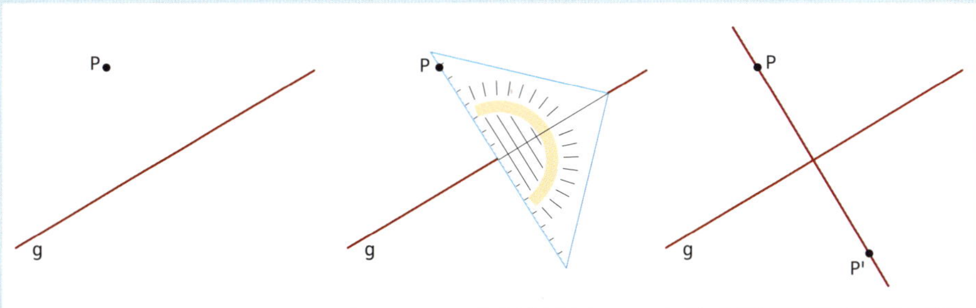

zero

Hi, Leute, ich klink mich mal ein – an einer Achse spiegeln, das kapier ich ja noch. Aber wie spiegle ich was an einem Punkt?

Einstein

Der **Punkt, an dem du spiegelst,** ist das ***Spiegelzentrum*** Z. Für eine ***Punktspiegelung*** zeichnest du eine Gerade zwischen dem Punkt P, den du spiegeln willst, und dem Spiegelzentrum. Der Spiegelpunkt P' liegt dann auf der anderen Seite des Spiegelzentrums in derselben Entfernung wie der Punkt.

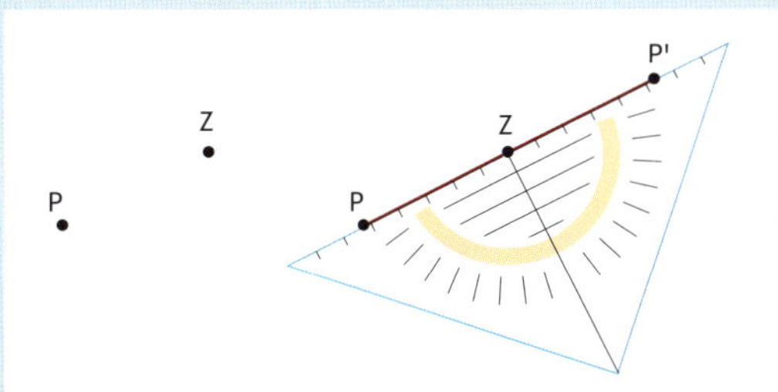

Wenn du eine Figur an einem Punkt spiegelst und das Spiegelbild sieht genauso aus wie die ursprüngliche Figur, dann ist die Figur ***punktsymmetrisch.***

30 Schreibe das Alphabet mit großen Druckbuchstaben (mindestens 2 cm Höhe) auf. Zeichne in Rot die Symmetrieachsen ein. Achtung: Manche Buchstaben haben auch zwei Symmetrieachsen.

31 Finde mindestens fünf Gegenstände in deiner Umwelt, die eine Symmetrieachse haben.

32 Der Name OTTO hat, in Großbuchstaben geschrieben, auch eine Symmetrieachse. Wo liegt sie? Finde weitere Wörter, die eine Symmetrieachse haben.

33 Zeichne fünf Verkehrsschilder und markiere farbig alle Symmetrieachsen.

34 Bei welchen Ziffern von 0 bis 9 findest du Symmetrieachsen?

35 Zeichne bei den gegebenen Figuren – falls vorhanden – Symmetrieachsen ein.

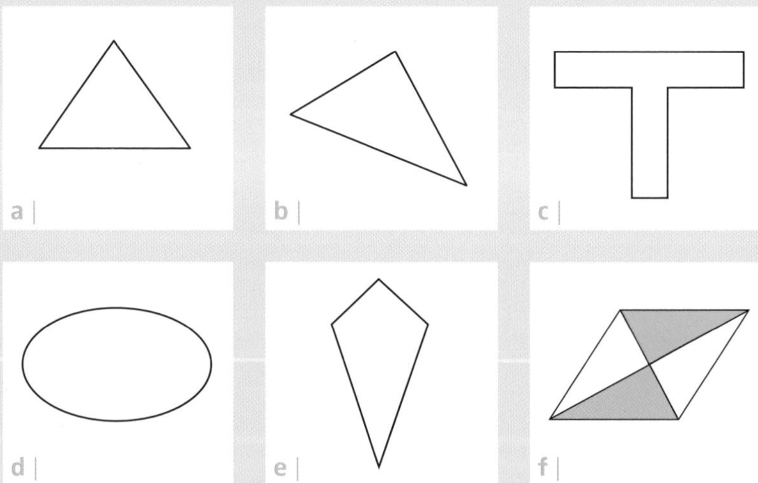

36 **Nenne ein Verkehrsschild, das punktsymmetrisch ist.**

37 **Zeichne in ein Koordinatensystem die Punkte A(3|1), B(1|4) und C(5|6) ein. Zeichne eine rote Gerade durch P(7|0) und Q(7|4). Spiegle die Punkte A, B, C an der Symmetrieachse durch P und Q.**

38 **Zeichne in ein Koordinatensystem die Punkte A(3|2), B(5|2), C(5|6), D(3|6) und E(2|4).**

a | Zeichne eine rote Symmetrieachse durch B und C.
b | Zeichne die Strecken AB, AD und CE.
c | Spiegle die entstandene Figur an der Symmetrieachse.

39 **Zeichne in ein Koordinatensystem die Punkte A(2|1), B(5|3) und C(1|6). Verbinde die Punkte.**

a | Zeichne eine rote Gerade durch P(4|0) und Q(4|4).
b | Spiegle die Figur an der Geraden durch P und Q.

40 **Zeichne in ein Koordinatensystem die Punkte A(1|1), B(6|3) und C(4|5). Verbinde die Punkte zu einem Dreieck. Spiegle die Figur nacheinander an den Geraden durch A und B, durch B und C und durch C und A.**

41 **Zeichne in ein Koordinatensystem, das alle vier Quadranten umfasst, die Punkte A(0|0), B(0|6) und C(–2|3).**

a | Verbinde A, B und C zu einem Dreieck. Spiegle die Punkte A, B und C an der x-Achse.
b | Spiegle die in a | entstandene Figur an der y-Achse.
c | Gib die Koordinaten der in b | gespiegelten Punkte an.
d | Spiegle nun die ursprünglichen Punkte A, B und C am Koordinatenursprung.
e | Was fällt dir auf?

6 TEILBARKEIT

BEISPIEL

Gesucht sind alle Zahlen, die 24 teilen:
2 teilt 24,
3 teilt 24,
4 teilt 24,
5 teilt 24 nicht,
6 teilt 24,
7 teilt 24 nicht,
8 teilt 24,
9, 10 und 11 teilen 24 nicht,
12 teilt 24,
13, 14, ..., 23 teilen 24 nicht,
24 teilt 24.

VERWENDUNG

Fast alle Zahlen haben Teiler, das heißt, dass man sie **ohne Rest** teilen kann. Will man Dinge aufteilen, will man ja in der Regel keinen Rest haben.

WIEDERHOLEN

Damit sollten wir uns schon auskennen:
– Dividieren mit und ohne Rest
– Multiplizieren
– Kennen von Vielfachen

KrizZy

Hi Leute. In meiner Hausaufgabe hat einer das Problem, dass er 32 Schokoeier hat und nun wissen will, wie viele Freunde er einladen kann, sodass alle gleich viele Eier bekommen.

PacPoc

Mach dir doch eine Tabelle und geh alle **Teiler** durch:

ANZAHL FREUNDE	EIER PRO FREUND
32	1
16	2
8	4
4	8
2	16
1	32

zero

Wieso denn nur 32, 16, 8, 4, 2 und 1? Ich kann 32 doch auch durch 3 teilen, dann bekomme ich 32 : 3 = 10 Rest 2.

Einstein

Und kannst 2 Eier selbst essen ... Nein, das ist es ja gerade, eine Zahl heißt nur dann **teilbar** durch eine andere, wenn diese sie **ohne Rest teilt.** Deshalb ist 3 kein Teiler von 32, aber 4 schon. Man schreibt für „4 teilt 32" kurz: $4|32$, und für „3 teilt 32 nicht" auch einfach: $3 \nmid 32$.
Also sind die **Teiler** von 32: 1, 2, 4, 8, 16 und 32.
Alle Teiler bilden die **Teilermenge** einer Zahl:
$T_{32} = \{1, 2, 4, 8, 16, 32\}$.
Man kann also 1, 2, 4, 8, 16 oder 32 Leute einladen.

KrizZy

Jetzt habt ihr aber den Eierbesitzer selbst vergessen, der will doch auch Eier. ☺ Aber das Prinzip ist schon klar. Aber immer durch alle möglichen Teiler teilen – ist ja ätzend. Geht das schneller?

PacPoc

Klar – mit den **Teilbarkeitsregeln.** Damit kannst du einer Zahl für viele Zahlen gleich ansehen, obs mit dem Teilen klappt. Einstein kennt die bestimmt ...

Einstein

Na logo. Eine Zahl ist genau dann durch ...
- 2 teilbar, wenn ihre letzte Ziffer gerade ist: 124 ist durch 2 teilbar;
- 3 teilbar, wenn ihre Quersumme (die Summe ihrer Ziffern) durch 3 teilbar ist: 618: Quersumme: 6 + 1 + 8 = 15; 15 ist durch 3 teilbar, denn 15 : 3 = 5, also ist 618 durch 3 teilbar;
- 4 teilbar, wenn ihre letzten beiden Ziffern eine durch 4 teilbare Zahl ergeben: 148: Da 48 durch 4 teilbar ist, ist auch 148 durch 4 teilbar;
- 5 teilbar, wenn ihre letzten beiden Ziffern 0 oder 5 sind: 2450 und 3875 sind durch 5 teilbar;
- 6 teilbar, wenn sie durch 2 und durch 3 teilbar ist;
- 8 teilbar, wenn die letzten 3 Ziffern eine durch 8 teilbare Zahl ergeben;
- 9 teilbar, wenn ihre Quersumme durch 9 teilbar ist: 126: Quersumme 1 + 2 + 6 = 9; 9 ist durch 9 teilbar, also ist 126 durch 9 teilbar;
- 10 teilbar, wenn ihre letzte Ziffer 0 ist: 5870 ist durch 10 teilbar;
- 25 teilbar, wenn ihre letzten beiden Ziffern 00, 25, 50 oder 75 sind: 1200, 13 075 und 1 067 050 sind durch 25 teilbar;
- 100 teilbar, wenn ihre letzten beiden Ziffern 00 sind: 1 234 500 ist durch 100 teilbar.

KrizZy

Und wenn ich nun also die Teiler von 117 suche, gehe ich einfach nur alle Regeln durch? Also:
- 2 geht nicht, denn 117 ist ungerade;
- 3 geht, denn die Quersumme 9 ist durch 3 teilbar;
- 4 geht nicht, denn 17 ist nicht durch 4 teilbar;
- 5 geht nicht, da die Endziffer weder 0 noch 5 ist;
- 6 geht nicht, da 117 nicht durch 2 teilbar ist;
- 8 geht nicht – upps, die letzten 3 Ziffern sind ja die Zahl selbst ... o.k., geht aber trotzdem nicht;
- 9 geht, denn die Quersumme 9 ist durch 9 teilbar;
- 10 geht nicht, da die letzte Ziffer nicht 0 ist;
- 25 geht nicht;
- 100 geht nicht, da die letzten Ziffern nicht 00 sind.

Einstein

Vorsicht, es gibt noch jede Menge Zahlen, für die gibt es keine Regeln, die musst du trotzdem noch „zu Fuß“ prüfen. Die vollständige Teilermenge von 117 ist: $T_{117} = \{1, 3, 9, 13, 117\}$

1 Welche der Zahlen sind durch 2, 3, 4 und 5 teilbar?

42, 92, 120, 243, 3216, 8400

2 Gib die Teiler an von …

a | 50:

b | 27:

c | 13:

d | 34:

3 Welche Teiler haben 50 und 36 gemeinsam?

4 Welche Zahl hat mehr Teiler: 80 oder 120?

5 Gib 3 Zahlen an, die jeweils genau 3 Teiler haben.

6 Welche Zahlen sind durch 30 teilbar?

7 Nenne 3 verschiedene Zahlen, die nicht durch 2, 3, 4 und 5 teilbar sind.

8 Du hast eine 2-€-Münze. Diese willst du in andere Münzen aufteilen. Gib alle Möglichkeiten an, die 2-€-Münze in nur gleiche Geldstücke zu teilen.

9 **Kreuze an, ob die Aussage wahr ist oder nicht.**

	wahr	falsch
a | Ist eine Zahl durch 6 teilbar, so ist sie auch durch 2 und 3 teilbar.	☐	☐
b | Jede gerade Zahl hat 4 als Teiler.	☐	☐
c | Null ist immer ein Teiler.	☐	☐
d | Jede Zahl, die mit einer 0 endet, hat 5 als Teiler.	☐	☐
e | Eine Zahl, die durch 8 teilbar ist, ist auch durch 4 teilbar.	☐	☐

10 **Eine Gruppe besteht aus 29 Personen. Diese Gruppe lässt sich ganz schlecht in Kleingruppen einteilen. Warum?**

11 **Welche Zahl hat die meisten Teiler?**

12 **Gib mindestens 5 Zahlen an, die durch 2 oder 3 teilbar sind, aber nicht durch 6.**

13 **Eine Tafel Schokolade besteht meistens aus 24 Stücken. Auf wie viele Personen lässt sich solch eine Tafel gut aufteilen, ohne dass man noch einzelne Stücke zerbrechen muss?**

14 **2, 3, 4, 5, 6, 9 sind alle Teiler einer Zahl. Was musst du in das leere Feld eintragen, damit sich die gesuchte Zahl ergibt?**

275 58☐

zero

In der Schule hatten wir gestern auch was mit Teilern, aber verstanden habe ich das nicht. 😟 Das hieß ***ggT.***

?

Einstein

Oder auch ausgeschrieben: ***größter gemeinsamer Teiler.*** Also, du hast zwei Zahlen und bestimmst deren Teilermengen. Dann guckst du, **welche Zahlen in beiden Teilermengen vorkommen.** Anders ausgedrückt – welche Zahlen beide Zahlen teilen. Und dann davon die größte, das ist der größte gemeinsame Teiler.

PacPoc

Mann, Einstein, mach es doch mit einem Beispiel. Also meinetwegen die Teiler von 32 und von 36:

$T_{32} = \{\underline{1}, \underline{2}, \underline{4}, 8, 16, 32\}$

$T_{36} = \{\underline{1}, \underline{2}, 3, \underline{4}, 6, 12, 18, 36\}$

Die gemeinsamen Teiler habe ich mal unterstrichen.
32 und 36 werden beide geteilt durch: 1, 2, 4.
Der größte gemeinsame Teiler ist dann: 4.

Einstein

Wenn du das jetzt auch noch mathematisch schreibst, bist du super. Nämlich: **ggT (32; 36) = 4** und schon bist du fertig.

zero

Ich probier das mal. Also ich suche den ggT von 16 und 27. Wenn ich die Teiler aufschreibe, sieht das so aus: $T_{16} = \{1, 2, 4, 8, 16\}$; $T_{27} = \{1, 3, 9, 27\}$
Und was ist hier der ggT?

?

Einstein

Das ist doch klar: 1, alle anderen Teiler sind ja nicht gleich. 1 teilt immer. Deshalb haben Zahlen, die keine (weiteren) gemeinsamen Teiler haben, den ggT 1.
Also ist auch: ggT (11; 13) = 1
Zahlen, die den ggT 1 haben, nennt man ***teilerfremd.***
Weil 1 eben immer geht und deshalb nicht zählt.

zero

Aber wozu braucht man denn das? Wozu muss ich wissen, welche gemeinsamen Teiler Zahlen haben?

?

PacPoc

Du hast zwei Bretter, eins ist 70 cm lang und eines 65 cm. Beide willst du in gleich lange Stücke sägen, ohne dass ein Rest bleibt. Wie lang können die Stücke sein? Und wie lang können sie maximal sein?
$T_{70} = \{\underline{1}, \underline{2}, \underline{5}, 7, 10, 35, 70\}$ und $T_{65} = \{\underline{1}, \underline{5}, 13, 65\}$
Als Länge kommen infrage: 1 cm und 5 cm.
ggT (70; 65) = 5, d. h., die maximale Länge ist 5 cm.

zero

Bretter in Stücke sägen – wenn du meinst. Aber hat denn *„kgV“* auch was mit dem Thema zu tun? Das steht hier auch in meinem Heft.

Einstein

Na klar. kgV heißt *kleinstes gemeinsames Vielfaches.* Wenn 4 ein Teiler von 32 ist, dann ist 32 ein Vielfaches von 4. **Zwei Zahlen können gemeinsame Vielfache haben. Und das kleinste davon ist dann eben das kgV.**

PacPoc

Lasst uns mal ein Beispiel überlegen: Suchen wir mal das kgV von 6 und 9. Erst mal die Vielfachen von 6, also die *Vielfachenmenge* von 6:

$V_6 = \{6, 12, \underline{18}, 24, 30, \underline{36}, 42, 48, \underline{54}, 60, \ldots\}$

Und nun die Vielfachenmenge von 9:

$V_9 = \{9, \underline{18}, 27, \underline{36}, 45, \underline{54}, 63, 72, 81, \ldots\}$

Und die vergleichen wir jetzt. Ich hab die gemeinsamen Vielfachen mal unterstrichen.

zero

Sind das jetzt alle Vielfachen von 6 und 9?

Einstein

Nee, da gibt es noch mehr, genau genommen gibt es unendlich viele davon, deshalb hat PacPoc ja die Pünktchen am Ende geschrieben.
Aber (um hier auch mal zum Punkt zu kommen) beim kgV suchen wir ja nur das kleinste gemeinsame Vielfache, und das ist die 18. Das schreibt man dann so:

kgV (6; 9) = 18

15 **Notiere jeweils die Teilermengen und unterstreiche den größten gemeinsamen Teiler.**

a | 8 und 12
b | 16 und 24
c | 51 und 68

16 **Bestimme jeweils den ggT.**

a | ggT (24; 36) = ☐

b | ggT (36; 54) = ☐

c | ggT (27; 49) = ☐

d | ggT (29; 51) = ☐

17 **Bestimme den größten gemeinsamen Teiler.**

a | ggT (12; 48; 54) = ☐

b | ggT (15; 40; 60) = ☐

c | ggT (9; 81; 108) = ☐

d | ggT (105; 70; 280) = ☐

18 **Zu welcher Zahl gehören die folgenden Teilermengen? Ergänze die fehlenden Zahlen.**

a | T☐ = {1; ☐; 4; ☐; 16}

b | T☐ = {1; 3; 7; ☐}

c | T☐ = {1; 5; ☐; ☐}

d | T☐ = {1; 2; ☐; 6; ☐; 27; ☐}

19 **Welche Zahl ist durch 5, 6 und 11 teilbar, aber nicht durch 9?**

20 **Bestimme den ggT von 28, 64, 112 und 256.**

21 **Zwei Seilstücke, 75 cm und 120 cm lang, sollen so geteilt werden, dass ohne Rest gleich lange Stücke entstehen. Wie kannst du sie geschickt teilen?**

22 **Notiere jeweils 5 Vielfache und unterstreiche die gemeinsamen Vielfachen.**

a | 4 und 10
b | 8 und 12
c | 15 und 20
d | 6 und 25

23 **Bestimme das kgV.**

a | kgV (6; 8) =
b | kgV (12; 15) =
c | kgV (7; 5) =
d | kgV (22; 33) =

24 **Suche jeweils den ggT und das kgV.**

a | 12 und 20
b | 36 und 54
c | 48 und 18
d | 25 und 45

25 **Welche Zahlen haben 12 als kgV? Gib mehrere Lösungen an.**

26 **Familie Kasper will neue Fliesen verlegen. Die alten Fliesen hatten eine Breite von 25 cm und die neuen sind 15 cm breit. Da Herr Kasper die Fliesen schön ausrichten will, schaut er, wann die Fugen auf gleicher Höhe sind. Nach welcher Länge treffen die Fugen aneinander?**

27 **Moritz geht mit seiner Mutter schwimmen. Sie schwimmen beide ihre Bahnen und immer, wenn sie sich am Rand treffen, unterhalten sie sich ein wenig. Moritz braucht für eine Bahn 25 s, seine Mutter braucht 40 s.**

a | Wann treffen sie sich das erste Mal?
b | Moritz schwimmt 40 Bahnen. Wie oft trifft er seine Mutter zur kleinen Unterhaltung? (Tipp: Beachte, dass eine Bahn nur eine Bahn in einer Richtung bedeutet.)

zero

Hab mal wieder ein Problem. Wir sollen als Hausaufgabe **Primfaktorzerlegungen** machen, aber da weiß ich gar nicht, was das ist. Kann mir einer helfen?

Einstein

Na klar, was willst du wissen? Was **Primzahlen** sind? Das sind **Zahlen, die nur durch 1 und sich selber teilbar sind,** wie 2, 3, 5, 7, 11, 13, 17, 19 usw. Die 1 wird übrigens nicht zu den Primzahlen gezählt.

PacPoc

4, 6, 8, 9, 10 usw. sind keine Primzahlen, die lassen sich nämlich teilen, mindestens mal durch 2, weil alle gerade sind. Und Primfaktoren werden was mit Multiplikation zu tun haben ...

Einstein

Weil Primzahlen nur die beiden Teiler 1 und sich selbst haben, kannst du sie **nicht als Produkt kleinerer Faktoren schreiben.**
So wie 100 – das ist keine Primzahl, 100 ist durch viele Zahlen teilbar: 2, 4, 5, 10, 20, 25, ... Deshalb kannst du 100 in kleinere Faktoren zerlegen. Ich mach das mal – am besten geht das schrittweise. Ich fange also mal mit dem Faktor 10 an:

$100 = 10 \cdot 10$

Die „Zehnen“ kannst du noch weiter zerlegen, da sie ebenfalls keine Primzahlen sind, sondern durch 2 und 5 teilbar:

$= 2 \cdot 5 \cdot 2 \cdot 5$

2 und 5 sind Primzahlen, die lassen sich nicht weiter zerlegen. Nun sortierst du noch die Faktoren der Größe nach, um den Überblick zu behalten:

$= 2 \cdot 2 \cdot 5 \cdot 5$

Weil die Faktoren 2 und 5 Primzahlen sind, nennt man sie auch Primfaktoren und die **Zerlegung einer Zahl in Primfaktoren heißt *Primfaktorzerlegung.***

zero

Sieht gar nicht so schwer aus, mal sehen, ob ich die Hausaufgabe jetzt packe. Geht das mit allen Zahlen so? Wozu man das braucht, frag ich lieber gar nicht erst.

Einstein

Jede natürliche Zahl, die größer ist als 1 und die nicht selbst eine Primzahl ist, kann als ein solches Produkt aus Primzahlen geschrieben werden.

PacPoc

Ich kann dir sogar verraten, was man damit anstellen kann. Man kann nämlich ggT und kgV damit bestimmen. Wenn man noch weiß, wie das geht 😵. Einstein, das ist doch was für dich, oder?

Einstein

Klar, ich musste noch mal genau überlegen, aber jetzt weiß ich's wieder. Also:
Erst mal zerlege ich die Zahlen, deren ggT ich wissen will, in ihre Primfaktoren. Nehmen wir 24 und 90.
Für den ggT nimmt man jetzt nur die Primfaktoren, die **in beiden Zerlegungen** enthalten sind, das sind hier nur einmal die 2 und einmal die 3:

$$\begin{array}{lcccccccccccc}
24 & = & 2 & \cdot & 2 & \cdot & 2 & \cdot & 3 & & & & \\
90 & = & 2 & & & \cdot & & & 3 & \cdot & 3 & \cdot & 5 \\
\hline
 & & \downarrow & & & & & & \downarrow & & & & \\
\text{ggT} & = & 2 & \cdot & & & & & 3 & & & & = 6
\end{array}$$

Zur Bestimmung des kgV nimmt man das Produkt der Faktoren, die **mindestens in einer Zerlegung** enthalten sind:

$$\begin{array}{lcccccccccccc}
24 & = & 2 & \cdot & 2 & \cdot & 2 & \cdot & 3 & & & & \\
90 & = & 2 & & & \cdot & & & 3 & \cdot & 3 & \cdot & 5 \\
\hline
 & & \downarrow & & \downarrow & & \downarrow & & \downarrow & & \downarrow & & \downarrow \\
\text{kgV} & = & 2 & \cdot & 2 & \cdot & 2 & \cdot & 3 & \cdot & 3 & \cdot & 5 = 360
\end{array}$$

Faktoren, die in beiden Zerlegungen vorkommen, werden aber nur einmal gezählt, deshalb nur dreimal die 2 und zweimal die 3, statt viermal und dreimal.

PacPoc

Man kann die Faktoren auch in Potenzschreibweise angeben, das ist kürzer:

$24 = 2^3 \cdot 3$; $90 = 2 \cdot 3^2 \cdot 5$;
$\text{kgV} = 2^3 \cdot 3^2 \cdot 5$

Du nimmst also jeweils die höchsten Potenzen aller vorkommenden Primfaktoren.

28 Schreibe alle Primzahlen zwischen 10 und 30 auf.

29 Gib eine Zahl an, die aus drei Primfaktoren besteht.

30 Suche 2 Zahlen, die jeweils eine Primfaktorzerlegung aus genau 4 verschiedenen Primzahlen haben.

31 Zerlege die folgenden Zahlen in Primfaktoren:

a | 18
b | 26
c | 64
d | 108
e | 264
f | 1200

32 Welche Zahl hat die Primfaktorzerlegung $3 \cdot 5 \cdot 7$? Gib die Teiler dieser Zahl an. Was stellst du fest?

33 Zeige, dass 51 und 64 keinen gemeinsamen Teiler haben.

34 Gibt es mehr Primzahlen zwischen 20 und 30 als zwischen 50 und 60?

35 Überlege genau und beantworte dann die Fragen zu Primzahlen.

a | Gibt es zwei aufeinanderfolgende Primzahlen?
b | Betrachte nur die ungeraden Zahlen – gibt es nun mehr aufeinanderfolgende Primzahlen?
c | Gibt es auch drei aufeinanderfolgende Primzahlen?
d | Betrachte wieder nur die ungeraden Zahlen – gibt es nun drei aufeinanderfolgende Primzahlen?
e | Ist das Produkt aus Primzahlen wieder eine Primzahl?

36 **Bestimme mithilfe der Primfaktorzerlegung das kgV von ...**

a | 36 und 24

36 =

24 =

kgV = =

b | 16 und 90

16 =

90 =

kgV = =

37 **Bestimme mithilfe der Primfaktorzerlegung den ggT von ...**

a | 24 und 60

60 =

24 =

ggT = =

b | 45 und 36

45 =

36 =

ggT = =

38 **Bestimme mithilfe der Primfaktorzerlegung den ggT und das kgV von ...**

a | 24 und 28

b | 72 und 54

c | 71 und 37

d | 68 und 91

39 Gib alle gemeinsamen Teiler von 60, 36 und 108 an.

40 Gib das kleinste gemeinsame Vielfache von 12, 27 und 30 an.

41 Lena und Merlin besuchen regelmäßig ihre Oma. Lena fährt alle 3 Wochen zu ihr und Merlin besucht sie alle 5 Wochen. Wann treffen sich Merlin und Lena bei der Oma?

42 Ein Lottogewinn von 157 482 € soll auf 3 Mitglieder einer Tippgemeinschaft gleichmäßig und ohne Rest verteilt werden. Klappt das auch bei 9 Teilnehmern?

43 Gib den ggT von zwei Primzahlen an.

44 Das Produkt zweier Zahlen ist 8470, ihr ggT beträgt 77. Wie groß ist ihr kgV?

45 Der ggT von zwei Zahlen beträgt 52 und das kgV 260. Wie groß ist das Produkt der beiden Zahlen?

46 Welches sind die drei kleinsten Teiler, die sowohl in T_{160} als auch in T_{96} vorkommen?

47 Im Lager werden Kartons gestapelt. Die einen sind 36 cm hoch, die anderen 20 cm. Zur besseren Stabilität wird immer bei gleicher Höhe ein Brett darübergelegt. In welcher Höhe wird das erste Brett auf die Kisten gelegt?

7 BRUCHRECHNUNG

BEISPIEL

Eine Tafel Schokolade mit 24 Stücken soll unter 6 Freunden aufgeteilt werden. Wie viele Stücke bekommt dann jeder? Welcher Anteil an der Schokolade ist das?
Bei 24 Stücken bekommt jeder 4 Stücke. Der Anteil ist dann ein Sechstel, kurz: $\frac{1}{6}$.

VERWENDUNG

Ein Bruch steht für einen Anteil am Ganzen. Brüche findet man überall da, wo man Anteile braucht: Kochrezepte, Flascheninhalt, Zeiten usw. Anteile kannst du als Bruch schreiben.

WIEDERHOLEN

Damit sollten wir uns schon auskennen:
- Multiplizieren und dividieren
- Addieren und subtrahieren
- ggT → 75
- kgV → 76

zero

Puh, wir haben mit was Neuem angefangen. 😟 Anteile und Brüche und so. Das verstehe ich nicht. Wofür braucht man das denn nun schon wieder?

?

PacPoc

Na, wenn du das Pizzarezept meiner Oma anschaust, gehts schon los. Da steht: Für den Teig: $\frac{1}{8}$ l Milch, 2 EL Öl, 1 TL Zucker, $\frac{1}{2}$ Würfel Hefe, $\frac{1}{2}$ kg Mehl und eine Prise Salz.
Oder wenn man sagt: In $\frac{1}{4}$ Stunde kommt der Zug.

zero

Klar kenne ich eine Viertelstunde und einen halben Liter – aber was genau sind hier die **Brüche?**

?

Einstein

Der Bruch dadrin ist „ein Viertel". Das schreibt man kurz so: $\frac{1}{4}$. Ein Bruch steht für einen **Anteil** an etwas, hier also für den Anteil $\frac{1}{4}$ an einer vollen Stunde.
Ein Bruch besteht aus **Zähler** und **Nenner:**

$$\frac{\text{Zähler}}{\text{Nenner}}$$

Die 1 ist in $\frac{1}{4}$ also der Zähler, die 4 der Nenner.
Der Nenner gibt an, in wie viele gleich große Teile etwas geteilt wird, und **der Zähler sagt dir, wie viele Teile davon du nimmst.** Wenn du z. B. einen Kuchen in 4 Teile teilst, ist der Nenner 4. Sprichst du von einem dieser 4 Teile, ist das $\frac{1}{4}$, zwei Stücke sind $\frac{2}{4}$, drei Stücke $\frac{3}{4}$ und vier Stücke logischerweise $\frac{4}{4}$. Vier Stücke sind ja der ganze Kuchen, also ein Ganzes. Sind Zähler und Nenner gleich, hat der Bruch den Wert 1.

zero

Also wenn ich $\frac{2}{5}$ von etwas nehmen soll, teile ich es in 5 gleiche Stücke und nehme 2 davon?

?

Einstein

Ja. Und der Bruch ist umso kleiner, je größer der Nenner ist – wenn ich einen Kuchen in 4 gleich große Stücke teile, ist ein einzelnes Stück größer, als wenn ich denselben Kuchen in 12 gleich große Stücke teile.

KrizZy

Wenn ich mir Einsteins Kuchenzeichnung angucke, scheint mir $\frac{1}{4}$ und $\frac{3}{12}$ dasselbe zu sein. Sieht gleich groß aus. Stimmt das? Und stimmt es immer oder nur bei dem Kuchen?

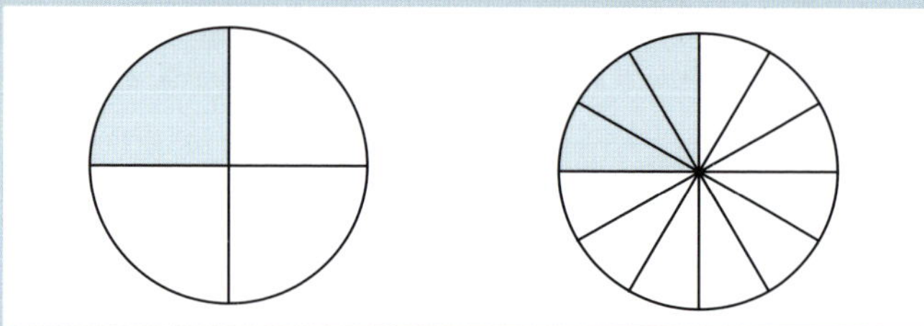

?

PacPoc

Nee, das stimmt immer. Du kannst Brüche nämlich erweitern und kürzen, ohne dass sich deren Wert ändert.

Einstein

Nicht so schnell, PacPoc. ***Erweitern*** bedeutet, **Zähler und Nenner eines Bruches mit derselben Zahl multiplizieren.** Wenn du Zähler und Nenner von $\frac{1}{4}$ mit 3 multiplizierst, erhältst du:

$$\frac{1 \cdot 3}{4 \cdot 3} = \frac{3}{12}$$

Und da, wie PacPoc schon festgestellt hat, sich der Wert des Bruches dabei nicht ändert, sehen die beiden Kuchenanteile nicht nur gleich groß aus, sie sind tatsächlich gleich groß.
Kürzen bedeutet, **Zähler und Nenner durch dieselbe Zahl dividieren:** $\frac{2}{4} = \frac{2:2}{4:2} = \frac{1}{2}$.
$\frac{2}{4}$ ist also genauso groß wie $\frac{1}{2}$.

zero

😎 Ich glaub, ich habs kapiert! Also ist

$$\frac{3}{5} = \frac{6}{10} = \frac{9}{15} = \frac{12}{20}?$$

?

Einstein

Ja genau, und $\frac{240}{140} = \frac{24}{14} = \frac{12}{7}$! 😉 Ich hab hier erst mit 10, dann mit 2 gekürzt. Ich hätte auch gleich mit 20 kürzen können. 20 ist nämlich der ***ggT*** von 240 und 140. Kennt man den ggT von Zähler und Nenner, kann man gleich mit dem kürzen.
Weiter kann man dann nicht mehr kürzen – weil 12 und 7 ***teilerfremd*** sind, sie haben keinen gemeinsamen Teiler, durch den man kürzen könnte.

1 **Welche Teile sind eingefärbt?**

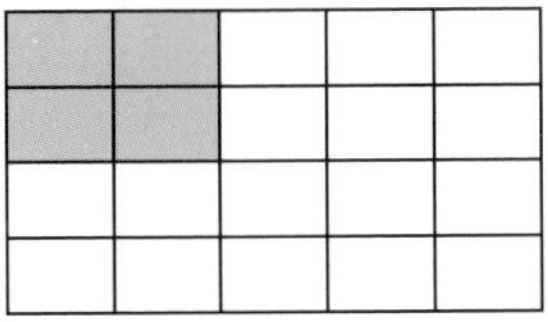

a |

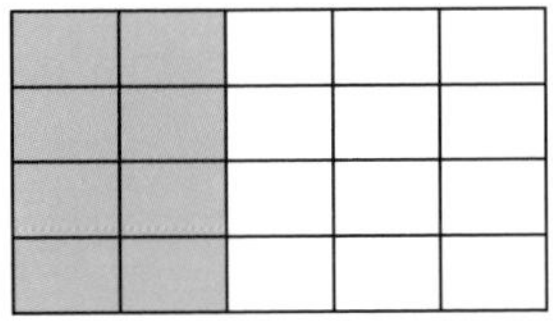

b |

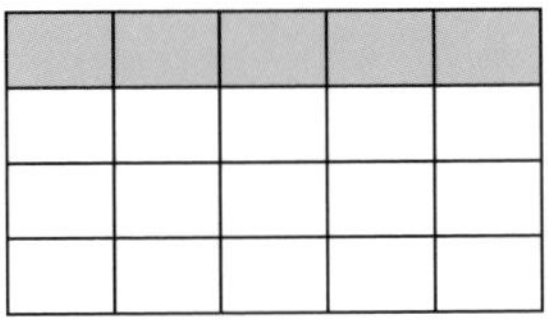

c |

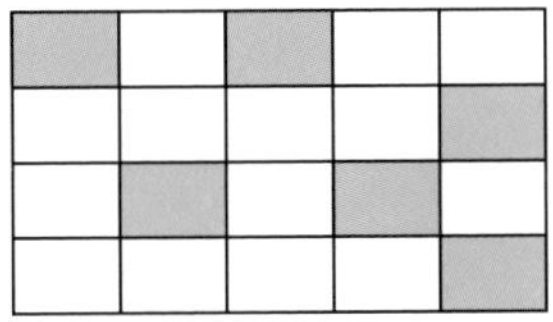

d |

2 **Färbe jeweils den angegebenen Anteil ein:**

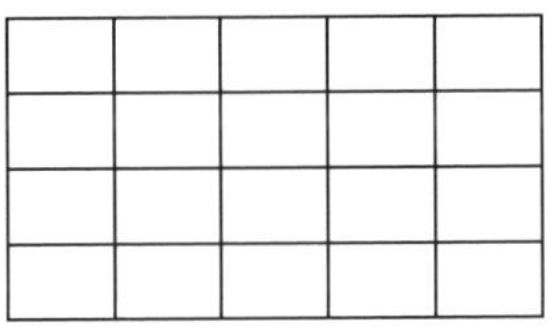

a | $\frac{7}{20}$

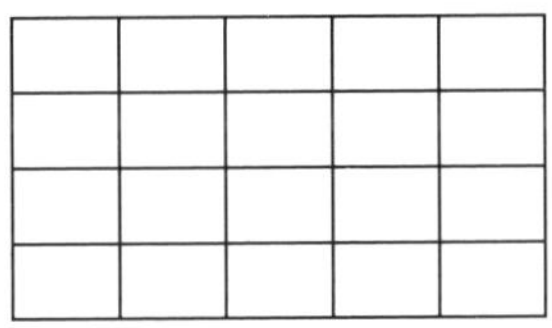

b | $\frac{3}{10}$

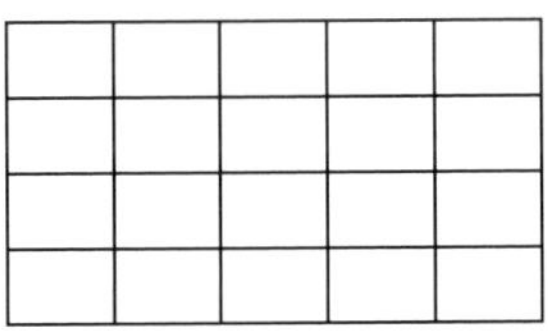

c | $\frac{4}{5}$

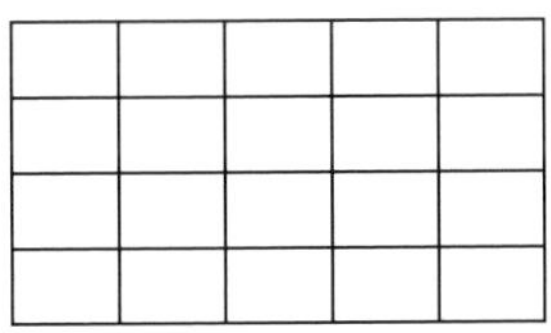

d | $\frac{3}{4}$

3 **Wie viel ist hier …**

a | farbig markiert?

b | nicht farbig markiert?

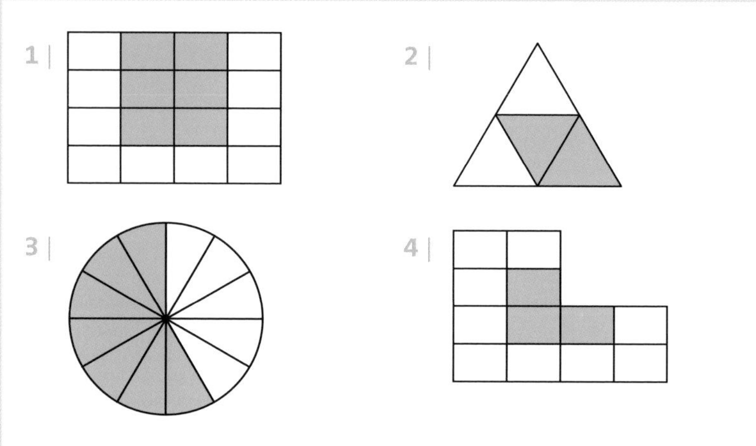

4 **Zeichne einen Zahlenstrahl von 0 bis 1 (Einheit: 6 cm). Markiere die angegebenen Längen.**

a | $\frac{1}{2}$

b | $\frac{1}{10}$

c | $\frac{3}{10}$

d | $\frac{4}{5}$

e | $\frac{1}{4}$

f | $\frac{1}{3}$

5 **Bestimme $\frac{2}{5}$, $\frac{5}{6}$ und $\frac{3}{4}$ von 60 kg.**

6 **Erweitere $\frac{3}{5}$ mit 3, 5, 10 und 20.**

7 **Erweitere die folgenden Brüche mit 5.**

a | $\frac{1}{2}$

b | $\frac{11}{15}$

c | $\frac{3}{4}$

d | $\frac{5}{6}$

8 **Bringe $\frac{3}{4}$ auf die Nenner 12, 20, 36 und 44.**

9 **Kürze $\frac{30}{50}$ erst nacheinander mit 2 und 5; dann noch einmal mit 2.**

10 **Kürze die folgenden Brüche mit 5.**

a | $\frac{10}{20}$

b | $\frac{15}{35}$

c | $\frac{25}{40}$

d | $\frac{45}{60}$

11 **Ergänze die fehlenden Zähler oder Nenner, sodass eine wahre Aussage entsteht. (Tipp: Manchmal muss man erst kürzen und dann erweitern.)**

a | $\frac{1}{2} = \frac{\square}{24}$

b | $\frac{3}{5} = \frac{60}{\square}$

c | $\frac{3}{\square} = \frac{24}{64}$

d | $\frac{3}{12} = \frac{\square}{16}$

12 **Kürze so weit wie möglich.**

a | $\frac{150}{180}$

b | $\frac{225}{500}$

13 **Bringe die folgenden Brüche auf die Nenner 8 und 24. (Tipp: Manchmal muss man erst kürzen und dann erweitern.)**

a | $\frac{63}{72}$

b | $\frac{36}{48}$

c | $\frac{40}{160}$

d | $\frac{27}{54}$

14 **Bringe die folgenden Brüche auf denselben Nenner.**

a | $\frac{3}{8}, \frac{1}{2}, \frac{3}{4}$

b | $\frac{2}{3}, \frac{15}{21}, \frac{4}{7}, \frac{1}{3}$

c | $\frac{4}{16}, \frac{2}{3}, \frac{5}{8}, \frac{3}{4}$

d | $\frac{5}{6}, \frac{1}{9}, \frac{5}{27}, \frac{12}{18}$

15 **Welche Brüche sind gleich? Verbinde mit Pfeilen.**

$\frac{3}{5}$	$\frac{9}{21}$	$\frac{175}{225}$	$\frac{3}{5}$
$\frac{7}{9}$	$\frac{51}{136}$	$\frac{45}{75}$	$\frac{3}{7}$

KrizZy

Ich hab hier eine Aufgabe, in der will eine Julia Pizza machen; sie hat ein Rezept, aber sie braucht etwas mehr Teig, als da drinsteht. Und nun soll ich zu dem $\frac{1}{4}$ l Milch noch mal $\frac{1}{4}$ l Milch dazuaddieren. Wie mach ich denn das – zwei **Brüche addieren?** 😨

?

PacPoc

Kein Problem – jedenfalls nicht, wenn die Brüche denselben Nenner haben. (Einstein würde sagen, wenn die beiden Brüche **gleichnamig** sind 🙂. So heißt das, **wenn Brüche denselben Nenner haben.**) Dann **addierst du einfach die Zähler** und schreibst den gemeinsamen Nenner wieder hin:

$$\frac{1}{4} + \frac{1}{4} = \frac{1+1}{4} = \frac{2}{4} = \frac{1}{2}$$

Kürzen kann man in deinem Beispiel zum Schluss auch noch. Verstanden?

KrizZy

Ja, hat geklappt! Hab den Teil mit der Milch jetzt ausgerechnet. Aber nun soll diese Julia zu ihrem $\frac{1}{4}$ l Öl noch $\frac{1}{8}$ l Öl dazunehmen. Was mach ich denn jetzt? Die Brüche sind doch jetzt nicht mehr gleichnamig, oder?

?

PacPoc

Nee, sind sie nicht. Sie sind **ungleichnamig,** d.h., sie haben verschiedene Nenner. Vermutlich muss man sie so umwandeln, dass sie gleichnamig sind. Aber da fragen wir besser Einstein – bist du online?

Einstein

Na klar – immer zur Stelle. Richtig, man bringt die Brüche auf den gleichen Nenner. Das macht man, indem man sie so erweitert, dass sie denselben Nenner haben. Mathelehrer nennen das **„auf den Hauptnenner bringen"**. Der **Hauptnenner** **ist das kgV der beiden Nenner.** Man sucht also das kgV und erweitert dann die beiden Brüche entsprechend:

$$\text{kgV}(4; 8) = 8$$

$\frac{1}{8}$ musst du also gar nicht erweitern, $\frac{1}{4}$ musst du mit 2 erweitern: $\frac{1 \cdot 2}{4 \cdot 2} = \frac{2}{8}$

Jetzt hast du zwei gleichnamige Brüche und kannst addieren, indem du die Zähler addierst und den Nenner beibehältst:

$$\frac{1}{4} + \frac{1}{8} = \frac{2}{8} + \frac{1}{8} = \frac{2+1}{8} = \frac{3}{8}$$

KrizZy

Und was mache ich mit Minus? Mit sowas wie dem hier: $\frac{7}{8} - \frac{39}{8}$?

PacPoc

Dasselbe: Wenn du zwei gleichnamige Brüche hast, ***subtrahierst*** du die Zähler und übernimmst den gemeinsamen Nenner:

$$\frac{7}{8} - \frac{39}{8} = \frac{7-39}{8} = -\frac{32}{8} = -\frac{4}{1} = -4$$

Hier konnte man am Schluss noch mit 8 kürzen, sodass –4 rauskommt. Das macht man immer am Schluss – so weit wie möglich kürzen.

KrizZy

O.k., kapiert. 😎 Du weißt bestimmt auch, wie ich subtrahiere, wenn die Brüche ungleichnamig sind. Obwohl ich da schon so was ahne – jetzt kommt bestimmt wieder dieser Hauptnenner …

PacPoc

Du kriegst 100 Punkte. 😃

1. Hauptnenner suchen (also kgV bestimmen)
2. Brüche auf den Hauptnenner erweitern
3. Zähler voneinander subtrahieren

So zum Beispiel:

$$\frac{3}{4} - \frac{1}{6}$$

Hier ist der Hauptnenner, also das kgV (4; 6) = 12.
Du musst also $\frac{3}{4}$ mit 3 erweitern und $\frac{1}{6}$ mit 2:

$$= \frac{9}{12} - \frac{2}{12}$$

Jetzt kannst du die Zähler subtrahieren, der gemeinsame Nenner bleibt die 12:

$$= \frac{9-2}{12} = \frac{7}{12}$$

Einstein

Übrigens kannst du auch beim Addieren und Subtrahieren von Brüchen **Vorzeichen und Rechenzeichen zusammenfassen:**

Sind beide gleich, ergibt das +:

$$\frac{2}{3} + \left(+\frac{4}{3}\right) = \frac{2}{3} + \frac{4}{3} \qquad \frac{2}{3} - \left(-\frac{4}{3}\right) = \frac{2}{3} + \frac{4}{3}$$

Sind beide unterschiedlich, ergibt das –:

$$\frac{2}{3} - \left(+\frac{4}{3}\right) = \frac{2}{3} - \frac{4}{3} \qquad \frac{2}{3} + \left(-\frac{4}{3}\right) = \frac{2}{3} - \frac{4}{3}$$

16 **Addiere die gleichnamigen Brüche. Kürze das Ergebnis so weit wie möglich.**

a | $\frac{3}{8} + \frac{13}{8}$

b | $\frac{27}{4} + \frac{1}{4}$

c | $\frac{326}{11} + \frac{7}{11}$

d | $\frac{17}{30} + \frac{13}{30}$

17 **Bestimme das kgV der Nenner und addiere die ungleichnamigen Brüche.**

a | $\frac{1}{4} + \frac{2}{5}$: kgV (4; 5) = ; $\frac{1}{4} + \frac{2}{5} =$

b | $\frac{1}{3} + \frac{1}{7}$: kgV (3; 7)= ; $\frac{1}{3} + \frac{1}{7} =$

c | $\frac{2}{3} + \frac{5}{6}$: kgV (3; 6) = ; $\frac{2}{3} + \frac{5}{6} =$

d | $\frac{1}{8} + \frac{5}{12}$: kgv (8; 12) = ; $\frac{1}{8} + \frac{5}{12} =$

e | $\frac{7}{15} + \frac{3}{20}$: kgV (15; 20) = ; $\frac{7}{15} + \frac{3}{20} =$

18 **Subtrahiere die gleichnamigen Brüche. Kürze das Ergebnis so weit wie möglich.**

a | $\frac{12}{5} - \frac{3}{5}$

b | $\frac{29}{6} - \frac{5}{6}$

c | $\frac{7}{30} - \frac{37}{30}$

d | $\frac{12}{7} - \left(-\frac{5}{7}\right)$

19 **Bestimme das kgV der Nenner und subtrahiere die ungleichnamigen Brüche.**

a | $\frac{3}{4} - \frac{2}{7}$: kgV (4; 7) = ; $\frac{3}{4} - \frac{2}{7} =$

b | $\frac{2}{3} - \frac{3}{8}$: kgV (3; 8) = ; $\frac{2}{3} - \frac{3}{8} =$

c | $\frac{2}{3} - \frac{1}{6}$: kgV (3; 6) = ; $\frac{2}{3} - \frac{1}{6} =$

d | $\frac{1}{2} - \frac{5}{12}$: kgV (2; 12) = ; $\frac{1}{2} - \frac{5}{12} =$

e | $\frac{17}{30} - \frac{7}{20}$: kgV (30; 20) = ; $\frac{17}{30} - \frac{7}{20} =$

f | $\frac{11}{7} - 1$: kgV (7; 1) = ; $\frac{11}{7} - 1 =$

20 **Berechne.**

a | $\frac{1}{9} + \frac{3}{5} + \frac{1}{15} =$

b | $\frac{1}{3} + \frac{1}{5} - \frac{1}{2} =$

c | $\frac{2}{11} + \frac{5}{12} - \frac{1}{4} =$

d | $1\frac{1}{8} + \frac{5}{9} =$

e | $1 - \frac{3}{20} + \frac{7}{10} =$

f | $\frac{1}{7} + \frac{3}{5} + \frac{1}{7} - \frac{2}{5} =$

21 **Welches Ergebnis ist größer?**

a | $\frac{3}{5} + \frac{1}{15}$ oder $\frac{4}{5} - \frac{1}{3}$?

b | $\frac{17}{24} - \frac{2}{3}$ oder $\frac{1}{3} - \frac{1}{4}$?

c | $\frac{7}{15} - \frac{1}{10}$ oder $\frac{11}{18} - \frac{1}{5}$?

d | $\frac{2}{7} + \frac{5}{12} - \frac{5}{14}$ oder $1\frac{1}{8} - \frac{7}{9}$?

22 **Berechne die Summe und die Differenz von:**

a | $\frac{11}{12}$ und $\frac{2}{3}$

b | $\frac{5}{6}$ und $\frac{11}{15}$

23 **Welches Bild passt als Lösung zu welcher Aufgabe?**

a | $\frac{2}{5} + \frac{1}{4}$

b | $\frac{2}{6} + \frac{3}{8}$

1 |

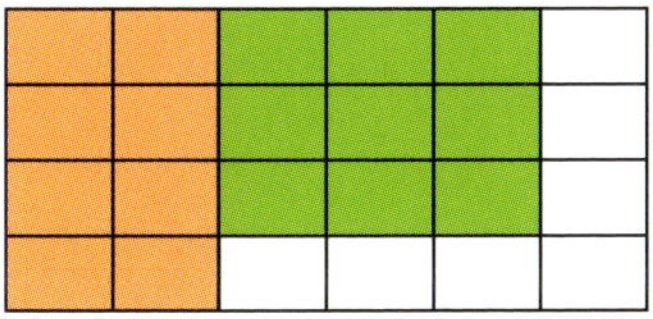

2 |

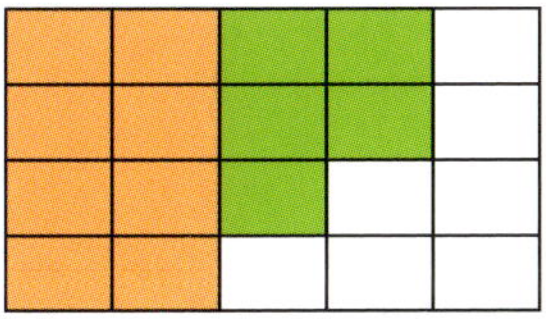

KrizZy

Ich hab mal 'ne ganz komische Frage. 😟 Wir hatten heute **Brüche, wo der Zähler größer war als der Nenner.** So was wie $\frac{3}{2}$. Ist denn das noch ein echter Bruch? Wenn ich drei Hälften habe, habe ich doch mehr als ein Ganzes. Wann braucht man das?

PacPoc

Das brauchst du, wenn du 3 Tafeln Schokolade hast und die mit mir teilen willst (willst du doch, oder? 😃), dann kriegt jeder von uns $\frac{3}{2}$ Tafeln.

Einstein

Aber mit der Formulierung der Frage hat KrizZy ins Schwarze getroffen – solche Brüche, bei denen der Zähler größer ist als der Nenner, heißen tatsächlich ***unechte Brüche.*** Brüche, deren Zähler kleiner ist als der Nenner, heißen ***echte Brüche.***
Und wie KrizZy schon festgestellt hat, sind unechte Brüche **mehr als 1 Ganzes.**

KrizZy

O.k., also $\frac{3}{2}$ ist ein unechter Bruch. Aber nun soll ich das anders schreiben. „Gemischt" hab ich von der Tafel abgeschrieben. Gemischt aus was? 😟

Einstein

Gemischt aus einer ganzen Zahl und einem echten Bruch. So: $\frac{3}{2} = 1\frac{1}{2}$. Das ist beides dasselbe. Wenn du das umwandeln willst, denke daran, dass ein Bruch eigentlich eine Division ist: 3 : 2. Wenn du das nun ausrechnen willst, teilst du 3 durch 2 und bekommst 1 Rest 1, also 1 + 1 : 2. 1 : 2 schreibst du wieder als Bruch: $1 + \frac{1}{2}$. Nun lässt du noch das + weg und hast deine ***gemischte Zahl:*** $1\frac{1}{2}$.

PacPoc

Das kann man auch mal aufmalen. Dann versteht man's noch besser:

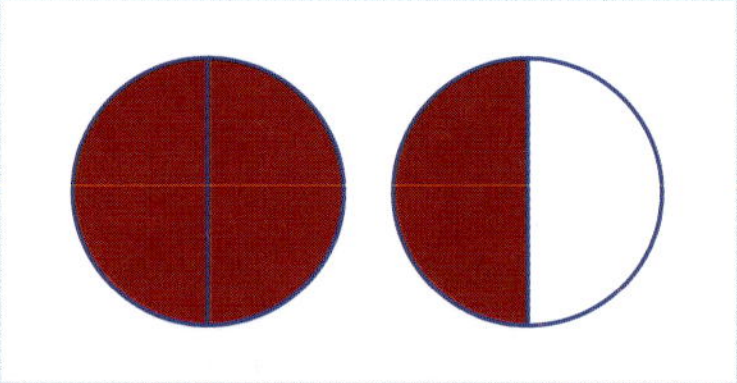

KrizZy

Und was mache ich, wenn ich eine gemischte Zahl, nämlich $2\frac{1}{6}$, dastehen habe und daraus einen Bruch machen soll? 😟

Einstein

Das Gleiche wie vorher, nur umgekehrt. Du musst einfach alles auf den Nenner bringen, den du brauchst. Als Erstes schreibst du die Ganzen als Bruch mit dem Nenner 1; 2 Ganze sind also $\frac{2}{1}$. Dann erweiterst du auf den Hauptnenner 6. Also, ich zeigs dir: $2\frac{1}{6} = \frac{2}{1} + \frac{1}{6} = \frac{12}{6} + \frac{1}{6} = \frac{13}{6}$
Oder schneller: 2 mal 6 plus 1 ist 13. Ergebnis: $\frac{13}{6}$. 🙂

zero

Ich hab da noch ein anderes Problem. Ich soll **Brüche vergleichen.** Dass $\frac{3}{4}$ kleiner ist als $\frac{5}{4}$, finde ich ja noch einleuchtend: 5 von irgendwas sind immer mehr als 3 von irgendwas. Aber was ist mit $\frac{5}{7}$ und $\frac{5}{9}$?

Einstein

Stimmt, bei **gleichem Nenner** ist der Bruch mit dem größeren Zähler größer.
Wenn der **Zähler gleich** ist, ist der Bruch mit dem kleineren Nenner größer, also: $\frac{5}{7} > \frac{5}{9}$.

PacPoc

Das kannst du dir klarmachen, wenn du daran denkst, dass ein kleinerer Nenner bedeutet, dass das Ganze in weniger Teile aufgeteilt wurde – jeder Teil ist also größer als bei einem Bruch mit großem Nenner.

zero

Und wenn beides unterschiedlich ist – **unterschiedliche Zähler und unterschiedliche Nenner?**

Einstein

Dann musst du sie mit Erweitern oder Kürzen auf den Hauptnenner bringen und dann die Zähler vergleichen. Nehmen wir mal $\frac{2}{3}$ und $\frac{3}{4}$:

$$\frac{2}{3} = \frac{8}{12} \text{ und } \frac{3}{4} = \frac{9}{12}$$

Es ist $\frac{8}{12} < \frac{9}{12}$, also wissen wir nun $\frac{2}{3} < \frac{3}{4}$.

24 **Wandle um in eine gemischte Zahl.**

a | $\frac{3}{2}$ =

b | $\frac{15}{7}$ =

c | $\frac{49}{12}$ =

d | $\frac{30}{4}$ =

25 **Wandle um in einen unechten Bruch.**

a | $4\frac{1}{2}$ =

b | $2\frac{1}{5}$ =

c | $5\frac{3}{8}$ =

d | $1\frac{20}{49}$ =

e | $11\frac{3}{7}$ =

f | $25\frac{7}{10}$ =

26 **Welche Brüche sind gleich? Verbinde mit Pfeilen.**

$1\frac{3}{5}$ $\frac{96}{60}$ $\frac{7}{9}$ $3\frac{9}{21}$ $\frac{78}{22}$ $\frac{175}{225}$ $3\frac{6}{11}$ $\frac{24}{7}$

27 **Welche der folgenden unechten Brüche und gemischten Zahlen sind größer als 2?**

$\frac{12}{5}$, $1\frac{7}{5}$, $\frac{3}{2}$, $1\frac{11}{20}$, $\frac{29}{5}$, $2\frac{3}{10}$, $\frac{17}{7}$, $\frac{5}{2}$, $1\frac{13}{10}$, $\frac{5}{4}$

28 **Gemischte Zahlen kannst du auch erweitern, ohne sie vorher in unechte Brüche umzuwandeln, indem du den Bruch erweiterst und die ganze Zahl beibehältst, zum Beispiel $2\frac{2}{5} = 2\frac{4}{10}$. Erweitere nun ...**

a | $3\frac{4}{5}$ mit 5

b | $11\frac{2}{7}$ mit 8

29 Ordne die Brüche der Größe nach.

a | $\frac{4}{3}, 1\frac{2}{3}, \frac{5}{6}, 1\frac{1}{6}, \frac{5}{3}$

b | $4\frac{4}{3}, 1\frac{47}{12}, 3\frac{5}{6}, 4\frac{1}{6}, \frac{48}{12}$

30 Vergleiche und setze die Zeichen größer (>), kleiner (<) oder gleich (=) ein, sodass eine wahre Aussage entsteht.

a | $\frac{9}{11}$ ☐ $\frac{7}{12}$

b | $\frac{5}{12}$ ☐ $\frac{5}{14}$

c | $\frac{4}{15}$ ☐ $\frac{12}{45}$

d | $\frac{4}{9}$ ☐ $\frac{3}{8}$

e | $\frac{28}{39}$ ☐ $\frac{8}{13}$

f | $\frac{4}{11}$ ☐ $\frac{3}{10}$

31 Zeichne einen Zahlenstrahl von 0 bis 3 (Einheit = 2 cm). Ordne die Brüche und trage sie am Zahlenstrahl ein.

$\frac{4}{10}, 1\frac{1}{5}, \frac{1}{2}, 1\frac{11}{20}, \frac{4}{5}, 2\frac{3}{10}, \frac{17}{5}, \frac{5}{2}, 2\frac{1}{10}, \frac{5}{4}$

32 Wahr oder falsch? Kreuze an.

	wahr	falsch
a | $\frac{5}{11} < \frac{7}{11}$	☐	☐
b | $\frac{5}{11} < \frac{5}{9}$	☐	☐
c | $\frac{27}{32} > \frac{7}{8}$	☐	☐
d | $\frac{7}{17} < \frac{21}{51}$	☐	☐
e | $\frac{10}{4} > 2\frac{3}{4}$	☐	☐
f | $2\frac{12}{16} < 2\frac{1}{4}$	☐	☐

8 FLÄCHEN UND KÖRPER

BEISPIEL

Ein Zimmer soll gestrichen werden. Es ist 4 m breit und 5 m lang. Insgesamt 3,8 m^2 fallen für Tür und Fenster weg. Wie viel Farbe braucht man, wenn 5 l Farbe für 10 m^2 reichen?

VERWENDUNG

Im Alltag muss man immer wieder den **Flächeninhalt** oder den **Umfang** von etwas **berechnen:** Wie viel Stoff braucht man für eine Tischdecke; wie lang muss die Borte sein, die außen herumlaufen soll? Aber auch **Körper** tauchen in unserer Umwelt überall auf: Wie viel Packpapier brauche ich für ein Päckchen, welches ich verschicken will; wie viele Liter Wasser passen in die Badewanne?

WIEDERHOLEN

Damit sollten wir uns schon auskennen:

- Strecken und Geraden → 52
- Längen von Strecken → 52
- Winkel → 58
- Längeneinheiten → 31
- Rechnen mit Größen → 30

zero

Hi Leute – hat mal gar nichts mit Mathe zu tun – mein Zimmer ist renoviert! ☺ Und morgen bekomme ich auch neuen Teppichboden. Meine Mutter hat gesagt, dass sie ein „quadratisches“ Stück kaufen will ... Was meint sie mit quadratisch?

?

PacPoc

Siehst du – hat eben doch mit Mathe zu tun! Nämlich mit ***Vielecken.*** Ein ***Quadrat*** oder ein ***Rechteck*** sind Vielecke, genauer gesagt ***Vierecke,*** weil sie 4 Ecken haben. Und **ein Quadrat ist ein besonderes Rechteck, nämlich eins, bei dem alle Seiten gleich lang sind.**

KrizZy

Hatten wir letzte Woche in der Schule – Es gibt auch Vielecke mit mehr oder weniger Ecken, zum Beispiel 3 Ecken. Das sind dann ***Dreiecke.*** Andere Vielecke wären Fünfecke oder Achtecke. Sorry, hatte jetzt nichts mit deinem Teppich zu tun, wollte nur mal anbringen, dass ich was weiß ☺ ...

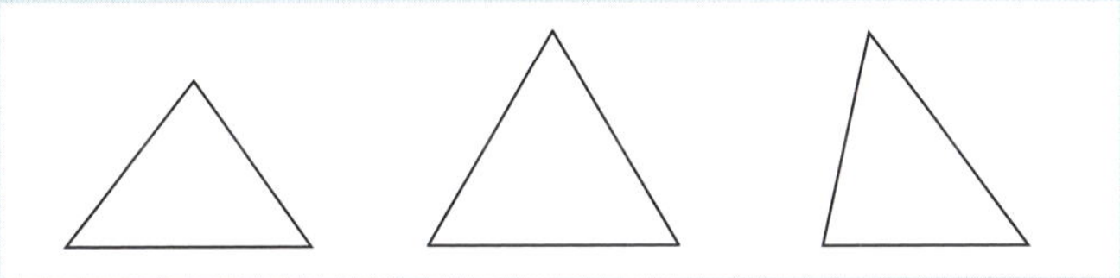

zero

Stimmt, das ist bei meinem Zimmer so. Ich mein, dass das quadratisch ist. Aber wir hatten neulich in der Schule noch so ein Dings, bei dem alle Seiten gleich lang waren, das hieß ...

?

Einstein

Das hieß ***Raute.*** Aber bei den meisten Rauten sind die Winkel keine rechten Winkel. Außer beim Quadrat. **Das Quadrat ist eine besondere Raute mit nur rechten Winkeln.**

zero

Wie jetzt? Ich denke, das Quadrat ist ein Rechteck? Kann ein Quadrat denn beides sein? ☹

?

Einstein

Leute, also jetzt mal systematisch. Es gibt verschiedene Vierecke. Bei den **unregelmäßigen** ist alles unregelmäßig, bei anderen gibt es Regelmäßigkeiten, wie **parallele Seiten** oder **rechte Winkel.** Bei der Raute sind alle 4 Seiten gleich lang, ein Rechteck hat nur rechte Winkel. Das Quadrat erfüllt aber beide Bedingungen, deshalb ist es auch beides.

VIERECK	SEITEN	WINKEL	ABBILDUNG
Quadrat	alle gleich lang und je zwei parallel	4 rechte Winkel	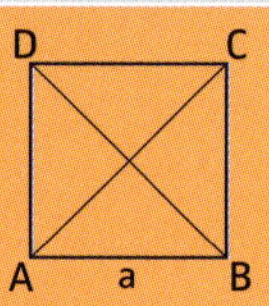
Rechteck	je zwei gegenüberliegende gleich lang und parallel	4 rechte Winkel	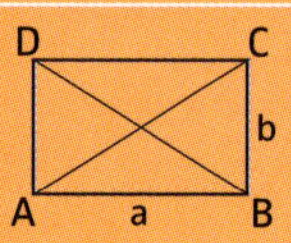
Parallelogramm	je zwei gegenüberliegende gleich lang und parallel	je zwei gegenüberliegende gleich	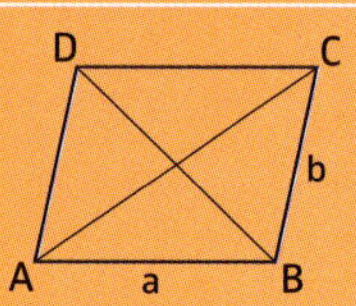
Raute	alle gleich lang und je zwei parallel	je zwei gegenüberliegende gleich	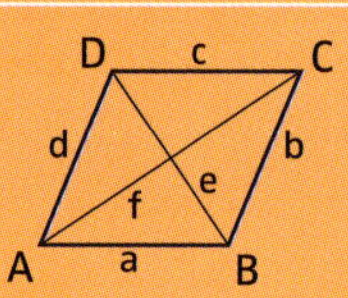
Drachenviereck	je zwei nebeneinanderliegende Seiten gleich lang	zwei gegenüberliegende gleich, zwei verschieden	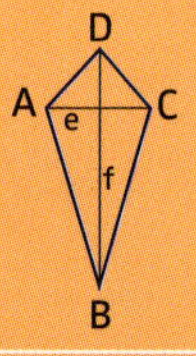
Trapez	zwei Seiten parallel	können alle verschieden sein	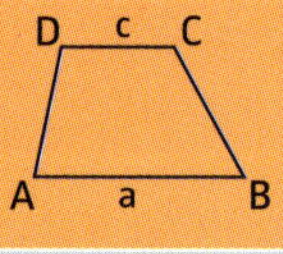

KrizZy

Können wir mal zurück zum Teppich? Ich soll hier nämlich die Fläche von so einem Teppich berechnen. Das Zimmer ist 4 m lang und 3,50 m breit. Wie krieg ich nun die Fläche raus? ☹

?

Einstein

Der **Flächeninhalt eines Rechtecks** ist das **Produkt der Seitenlängen.** Du musst also 4 m · 3,50 m rechnen. Und vorher in eine Einheit ohne Komma umwandeln, also 40 dm · 35 dm = 1400 dm^2.

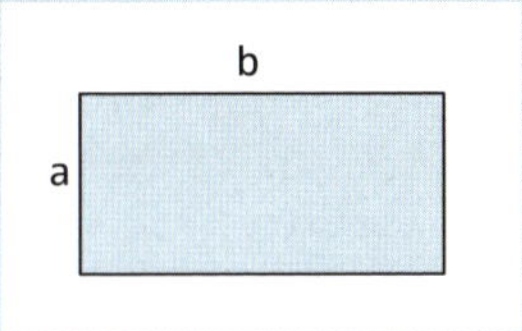

Den Flächeninhalt bezeichnet man meist mit A. Also:

A = a · b

Beim Quadrat wirds einfacher – weil alle Seiten gleich lang sind, ist **A = a · a = a^2.**

PacPoc

Jetzt musst du KrizZy aber auch erzählen, dass dm^2 eine **Flächeneinheit** ist. Davon gibt es noch mehr und man kann sie ineinander umwandeln.
Die Umwandlungszahl ist immer 100:
1 km^2 = 100 ha; 1 ha = 100 a; 1 a = 100 m^2;
1 m^2 = 100 dm^2; 1 dm^2 = 100 cm^2; 1 cm^2 = 100 mm^2
Rechnen tust du damit genau wie bei den anderen Größen (s. Seite 30).

KrizZy

Super, hab ich kapiert. Aber hier in der nächsten Aufgabe will Onkel Stefan Zaun kaufen, um seine Schafe einzuzäunen. Die Wiese ist 12 m breit und 25 m lang. Ist ein Rechteck. Wie viel Zaun braucht er da wohl?

?

zero

Ist doch klar, dass du nur einmal drum herumlaufen musst und den Weg ausmessen ...

Einstein

Du kannst den **Umfang** aber auch einfach berechnen. Da musst du nur alle **Seitenlängen zusammenzählen.** Das sind beim Rechteck u = a + b + a + b oder einfacher: u = 2a + 2b,
jede Seite gibt es schließlich 2-mal.
Beim Quadrat wird es wieder einfacher: u = 4a.
Ach ja, der Umfang wird meist mit u bezeichnet.
Wärt ihr jetzt nicht draufgekommen, oder ☺?

1 **Benenne die Figuren.**

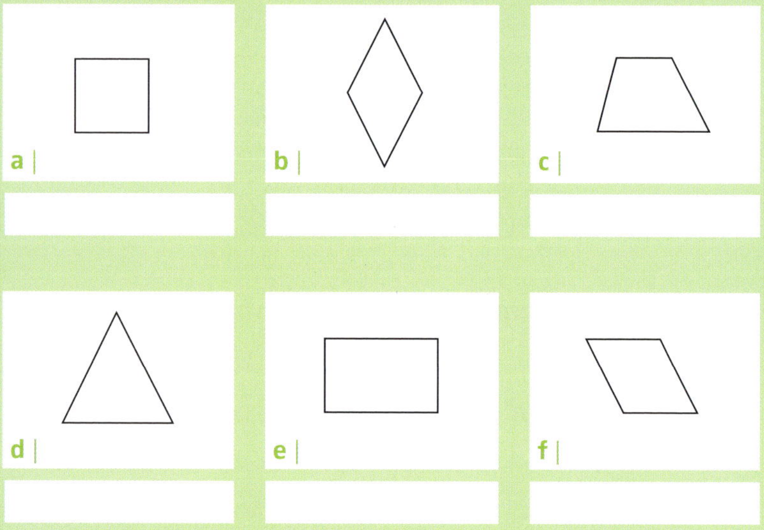

2 **Zeichne ein Quadrat mit der Seitenlänge 2 cm. Verbinde die Ecken A und C sowie B und D. Diese Strecken sind die Diagonalen des Quadrates.**

3 **Zeichne ein Rechteck mit den Seitenlängen a = 3 cm und b = 5 cm. Zeichne in das Rechteck die Diagonalen.**

4 **Überlege, welche dreieckigen Verkehrsschilder du kennst. Welche viereckigen Verkehrsschilder kennst du? Welche Art von Viereck ist das?**

5 **Zeichne zwei parallele Geraden mit dem Abstand von 3 cm. Zeichne zwei Geraden durch die Parallelen. Welche Vielecke kannst du so zeichnen?**

6 **Zeichne zwei Dreiecke so, dass …**

a | ein Quadrat entsteht;
b | ein Rechteck entsteht;
c | ein Dreieck entsteht;
d | ein Parallelogramm entsteht;
e | ein Drachenviereck entsteht.

7 **Zeichne in ein Koordinatensystem die Punkte A(2|1), B(5|1) und C(4|4).**

a | Füge einen Punkt D_1 so hinzu, dass ein Parallelogramm entsteht, wenn du die Punkte verbindest.
b | Füge einen Punkt D_2 so hinzu, dass ein Trapez entsteht, wenn du die Punkte A, B, D_2 verbindest.
c | Füge einen Punkt D_3 so hinzu, dass ein Drachenviereck entsteht, wenn du die Punkte A, B, D_3 verbindest.

8 **Wann ist ein Parallelogramm auch ein Drachenviereck?**

9 **Ein Quadrat ist auch ...**

a | ein Rechteck, weil

b | eine Raute, weil

c | ein Parallelogramm, weil

10 **Welches Viereck hat den größeren Flächeninhalt – das Rechteck mit den Seitenlängen a = 4 cm und b = 9 cm oder das Quadrat mit der Seitenlänge a = 6 cm?**

11 **Welche Aussagen sind richtig? Kreuze an.**

	Ja	Nein
a | Jedes Viereck hat vier gleich lange Seiten.	☐	☐
b | Ein Viereck mit vier ungleichen Winkeln ist kein Viereck.	☐	☐
c | Ein Viereck mit vier rechten Winkeln ist eine Raute.	☐	☐
d | Eine Raute ist ein Parallelogramm.	☐	☐
e | Ein Parallelogramm ist eine Raute.	☐	☐

12 **Gegeben ist ein Quadrat mit der Seitenlänge a = 3 cm.**

a | Wie groß ist der Flächeninhalt des Quadrates? 3·3=9 cm²
b | Wie ändert sich der Flächeninhalt, wenn die Seitenlängen verdoppelt werden? 6·6=36 cm²
Es hat sich vervierfacht

13 **Finde mehrere Rechtecke, die einen Flächeninhalt von 32 m² haben. Die Seitenlängen sollen ganzzahlig sein.** 3 möglich

~~8m~~

14 **Wie viele Quadratmeter ist ein Fußballfeld groß, das 70 m breit und 105 m lang ist?** ~~70·105=7.350m~~
70·105=7.350

15 **Ein Fliesenleger will den Boden eines Raumes auslegen. Der Raum ist 5 m lang und 6 m breit. Wie viele Fliesen braucht er, wenn eine Fliese 20 cm · 20 cm groß ist?**

16 **Ein quadratischer Raum soll gestrichen werden. Der Raum hat eine Grundfläche von 3 m · 3 m und ist 2 m hoch. Wie viele Dosen Farbe werden benötigt, wenn eine Dose für 8 m² reichen soll? (Türen und Fenster darfst du vernachlässigen.)**

17 **Berechne den Flächeninhalt eines Fußbodens. Der Raum hat folgende Maße. (Tipp: Du kannst die Grundfläche in mehrere Flächen zerlegen.)**

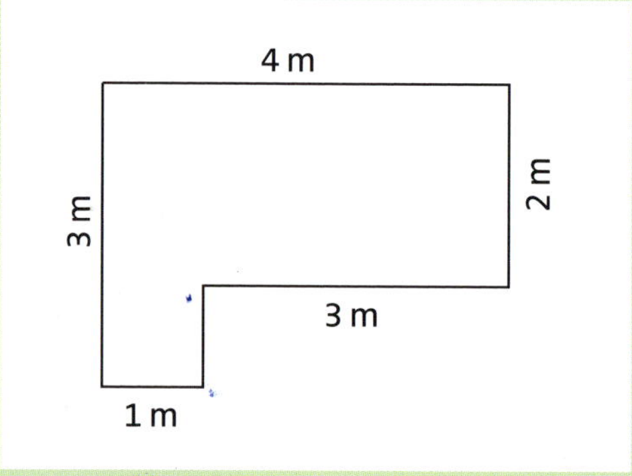

~~4m + 2m + 3m + 1m + 1m + 3m = 14m~~

18 **Wie lang sind die Seiten eines Quadrates, das den gleichen Flächeninhalt hat wie ein Rechteck mit den Seitenlängen a = 4 cm und b = 16 cm?**
64 cm²

19 Wie groß ist der Flächeninhalt einer Reithalle, die 20 m breit und 400 dm lang ist?

20 Zeichne in ein Koordinatensystem die Punkte A(2|1), B(5|1) und C(4|4). Verbinde ABC zu einem Dreieck. Miss die Seitenlängen aus und berechne den Umfang. Wähle 1 Einheit = 1 cm.

21 Berechne den Umfang eines Quadrates mit der Seitenlänge …

a | 25 m   b | 30 cm   c | 125 mm   d | 65 km

22 Berechne den Umfang eines Rechtecks mit den Seitenlängen a = 17 m und b = 90 m. 214 m

23 Bauer Willem hat 12 m Draht und eine Kuh.

a | Welche rechteckige Fläche Wiese kann er damit einzäunen, wenn er nur ganzzahlige Seitenlängen (in m) möchte?
b | Wie groß ist jeweils der zugehörige Flächeninhalt?

24 Eine rechteckige Fläche hat einen Umfang von 120 m. Die Länge ist 40 m. Wie breit ist die Fläche? 20 m

25 Welcher Flächeninhalt ist größer:

(1) der eines Quadrates mit Umfang 16 cm oder
(2) der eines Rechtecks mit Umfang 18 cm und Breite 2 cm?

26 Welchen Umfang hat eine Reithalle mit den Maßen 20 m · 40 m?

zero

Hi Team, neulich hatten wir's hier ja über Vielecke und Flächen – aber was ist mit einem Quader? Oder einem Würfel? Vielecke sind das ja wohl nicht, aber Flächen haben die irgendwie auch. 😟

?

Einstein

Vielecke sind flach; alles, was dreidimensional ist, heißt Körper. Ein **Quader** ist auch **ein Körper.** Der hat **nur rechteckige Seitenflächen.** Die beiden Rechtecke, die sich gegenüberliegen, sind jeweils gleich groß. Der Quader hat auch 12 Kanten und 8 Ecken. Die 4 Kanten, die jeweils parallel sind, sind gleich lang. Ein Würfel ist ein **Körper mit sechs quadratischen Seitenflächen, wobei alle Flächen gleich groß sind.** Ein Würfel hat 12 Kanten, die alle gleich lang sind, und 8 Ecken. Sieh dir die Zeichnung an, du siehst, dass der Würfel ein spezieller Quader ist.

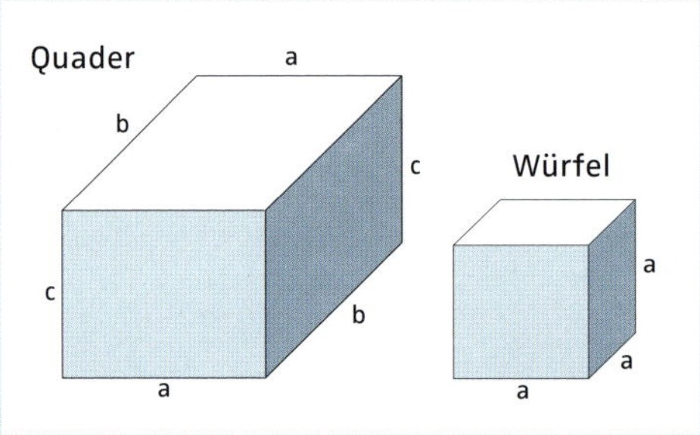

zero

Gut, also ein Körper. 🤓 Und zu dem Quader hab ich hier eine Aufgabe, da soll ich mit den Seitenflächen ein Netz bilden ... Ich kenn nur Spinnennetze. 😟

?

Einstein

Das Netz eines Körpers kriegst du, wenn du ihn an den Kanten aufschneidest und auseinanderfaltest, sodass alle Flächen in der Ebene liegen. Beim Würfel heißt das Netz dann Würfelnetz, und beim Quader (Überraschung! 😊) Quadernetz.

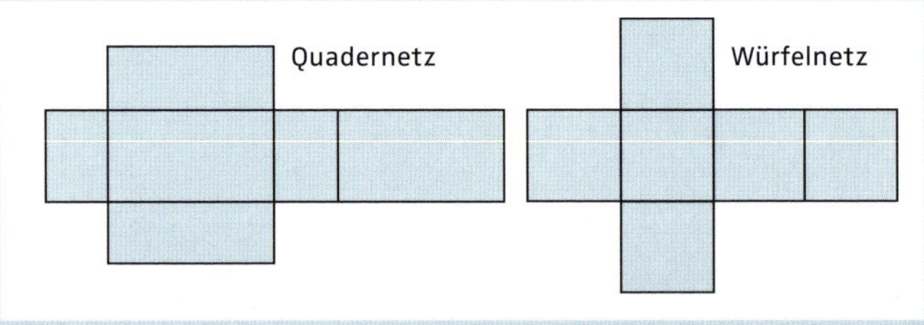

PacPoc

Wenn du einen Quader „ausziehst", kannst du das gut sehen. Du kannst auch einen aus Pappe bauen und auseinanderfalten. Als hättest du einen Bastelbogen für einen Quader.

KrizZy

Könnt ihr auch einen Quader zeichnen? Ich meine so dreidimensional. So schräg. Ich soll das zu morgen machen und hab keinen Schimmer, wie das geht.

Einstein

Du meinst ein **Schrägbild** oder auch **Kavalierprojektion.** Als Erstes zeichnest du die Vorderansicht in Originalgröße oder einem geeigneten Maßstab. Die Kanten, die nach hinten verlaufen, zeichnest du in einem 45°-Winkel und verkürzt sie auf die Hälfte, zeichnest also für 1 cm nur $\frac{1}{2}$ cm. Wenn du auf kariertem Papier zeichnest, kannst du auch für 1 cm eine Kästchendiagonale nehmen. Zuletzt zeichnest du die Rückfläche. Die Kanten, die man nicht sehen kann, zeichnest du dabei nur gestrichelt.

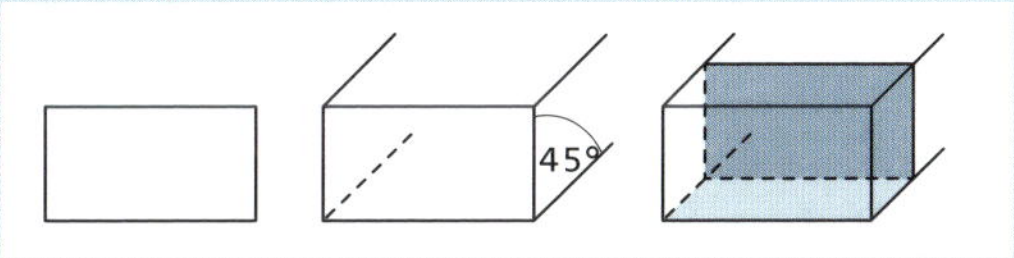

zero

Sorry, ich schon wieder, aber ich brauch eure Hilfe! Ich soll jetzt die **Oberfläche eines Quaders** berechnen! Wie soll das denn gehen?

PacPoc

Keine Panik – ist halb so wild. Schau dir nochmal dein Quadernetz an. Das ist doch die Oberfläche des Quaders, der „ausgezogen" ist.

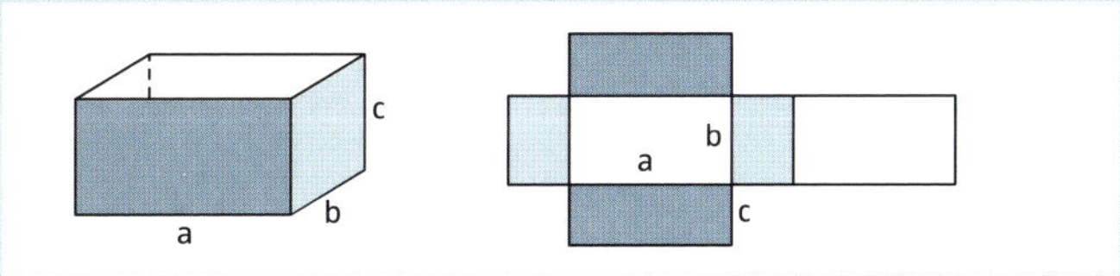

Der Oberflächeninhalt ist der Flächeninhalt des Netzes. Du musst also nur die Flächeninhalte aller Flächen ausrechnen und dann addieren.

Einstein

Du hast also zwei Rechteckflächen der Größe $a \cdot b$, zwei der Größe $a \cdot c$ und zwei der Größe $b \cdot c$. Wenn du das addierst, bekommst du eine Formel für den Oberflächeninhalt eines Quaders:

$$O_{Quader} = 2 \cdot a \cdot b + 2 \cdot a \cdot c + 2 \cdot b \cdot c$$

Und beim Würfel sind alle 6 Seiten gleich groß, der Oberflächeninhalt ist dann einfach: $O_{Würfel} = 6a^2$

zero

Also wenn mein Quader 6 cm breit, 4 cm tief und 5 cm hoch ist, muss ich rechnen:

$$\begin{aligned} O_{Quader} &= 2 \cdot a \cdot b + 2 \cdot a \cdot c + 2 \cdot b \cdot c \\ &= 2 \cdot 6\,cm \cdot 4\,cm + 2 \cdot 6\,cm \cdot 5\,cm \\ &\quad + 2 \cdot 4\,cm \cdot 5\,cm \\ &= 48\,cm^2 + 60\,cm^2 + 40\,cm^2 = 148\,cm^2 \end{aligned}$$

KrizZy

Ja, super! Das mit der Oberfläche hab ich jetzt auch kapiert – aber in meiner Hausaufgabe geht es um ein Aquarium, das 6 dm lang, 4 dm breit und 5 dm hoch ist. Und die wollen nun wissen, wie viele Liter Wasser da reinpassen. Aber Wasser misst man doch in Litern – wie komme ich denn dahin? 😨

Einstein

Was die da wissen wollen, ist das ***Volumen*** oder der ***Rauminhalt.*** Dein Aquarium ist ein Quader. Und das Volumen eines Quaders berechnet man als Produkt der 3 Kantenlängen:

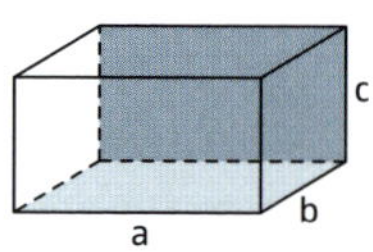

$$\begin{aligned} V &= a \cdot b \cdot c \\ &= 6\,dm \cdot 4\,dm \cdot 5\,dm \\ &= 120\,dm^3 \end{aligned}$$

Ein dm^3 ist dasselbe wie ein Liter, das Aquarium fasst also 120 l Wasser.

PacPoc

Außer dm^3 oder Liter gibt es noch mehr **Volumeneinheiten. Der Umrechnungsfaktor ist 1000:**

$1\,m^3 = 1000\,dm^3$; $1\,dm^3 = 1000\,cm^3$;
$1\,cm^3 = 1000\,mm^3$;
$1\,l = 1\,dm^3 = 1000\,ml$; $1\,ml = 1\,cm^3$

27 **Hier sollen verschiedene Würfelnetze abgebildet sein. Welche davon passen wirklich zu einem Würfel? Kreuze an.**

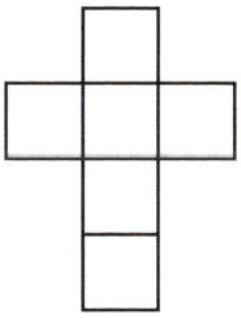
a

Ja ☐ Nein ☐

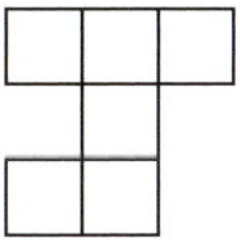
b

Ja ☐ Nein ☐

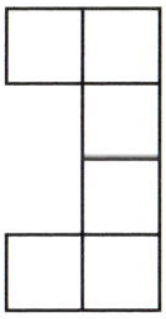
c

Ja ☐ Nein ☐

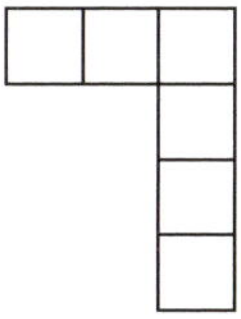
d

Ja ☐ Nein ☐

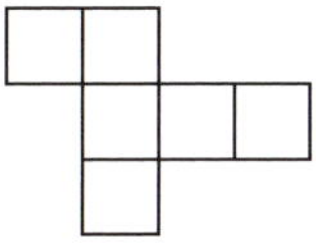
e

Ja ☐ Nein ☐

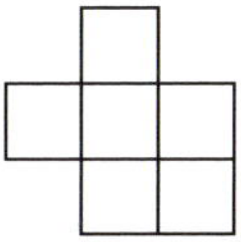
f

Ja ☐ Nein ☐

28 **Zeichne das Schrägbild eines Würfels mit den Kantenlängen 3 cm.**

29 **Zeichne das Schrägbild eines Quaders mit den Seitenlängen $a = 3$ cm, $b = 2$ cm und $c = 4$ cm.**

30 **Zeichne das Schrägbild eines Quaders mit quadratischer Grundfläche mit $a = 3$ cm und einer Höhe von 5 cm.**

31 **Ein Quader hat die Maße $a = 4$ cm, $b = 6$ cm und $c = 7$ cm. Berechne die Oberfläche des Quaders.**

32 **Wie groß ist die Oberfläche eines Quaders mit quadratischer Grundfläche mit $a = 3$ cm und einer Höhe von 5 cm?**

33 **Hier sollen Quadernetze abgebildet sein. Welche davon passen wirklich zu einem Quader?**

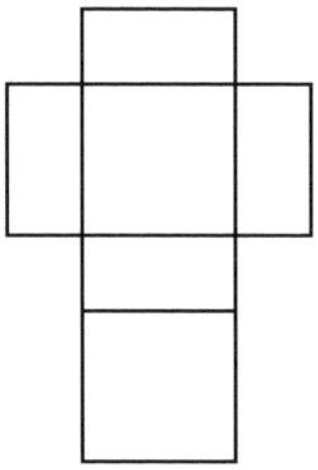
a |

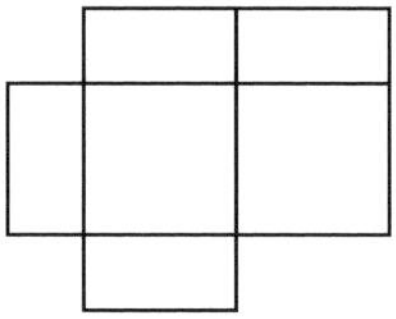
b |

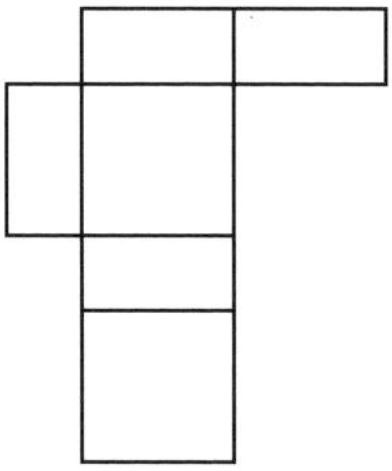
c |

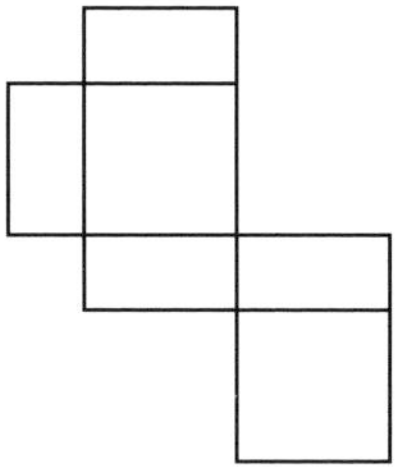
d |

34 **Ein Würfel hat eine Kantenlänge von 5 cm. Wie groß ist seine Oberfläche?**

35 **Welche Oberfläche ist größer? Die des Würfels mit der Seitenlänge 6 cm oder die des Quaders mit den Maßen 5 cm · 6 cm · 7 cm?**

36 **Ein Würfel mit der Kantenlänge a = 16 cm wird in der Mitte mehrfach durchgeschnitten, sodass 8 gleich große Würfel entstehen.**

a | Wie groß ist die Oberfläche eines dieser Würfel?
b | Wie groß ist die Oberfläche dieser Würfel insgesamt?
c | Wie groß ist das Volumen eines dieser Würfel?
d | Wie groß ist das Volumen dieser Würfel insgesamt?

37 **Wie viel größer ist die Oberfläche, wenn zwei Würfel mit einer Seite aneinandergeklebt werden? Was für einen Körper erhält man dann? Berechne die Oberfläche für Würfel mit der Kantenlänge 3 cm. Welche Kantenlängen hat der neue Körper?**

38 **Eine Milchpackung hat eine quadratische Grundfläche von 6 cm · 6 cm und eine Höhe von 28 cm.**

a | Wie viel Material braucht man, wenn der Klebefalz vernachlässigt wird?
b | Wie viel Inhalt hat die Milchpackung?

39 **Ein Quader hat die Maße a = 4 cm, b = 6 cm und c = 7 cm. Berechne das Volumen des Quaders.**

40 **Wie groß ist das Volumen eines Quaders mit einer quadratischen Grundfläche mit a = 3 cm und einer Höhe von 5 cm?**

41 **Ein Würfel hat die Kantenlänge 4 cm. Wie groß ist sein Volumen? (Tipp: Denke daran, dass ein Würfel ein Quader ist, dessen Kantenlängen alle gleich sind.)**

42 **Welches Volumen ist größer? Das eines Würfels mit der Seitenlänge 6 cm oder das eines Quaders mit den Maßen 5 cm · 6 cm · 7 cm?**

43 **Wie viel größer ist das Volumen, wenn zwei Würfel mit einer Seite aneinandergeklebt werden? Was für einen Körper erhält man dann?**

44 **Ein Würfel hat die Seitenlänge a.**

a | Wie groß sind seine Oberfläche und sein Volumen?
b | Wie verändert sich der Inhalt der Oberfläche, wenn die Seitenlängen verdoppelt werden?
c | Wie verändert sich das Volumen, wenn die Seitenlängen verdoppelt werden?

1. NATÜRLICHE ZAHLEN

GROSSE ZAHLEN

1 | → Seite 8
a | eine Million zweihundertsechsundfünfzigtausendachthundertachtundachzig
b | dreiundzwanzig Millionen fünfhundertachtundsechzigtausendneunhundertsiebenundachtzig
c | neunhunderteinundfünfzig Millionen siebenhundertzweiundfünfzigtausend
d | eine Milliarde fünfhundertneunundachtzigtausendzweihundertdreißig

2 | → Seite 8
a | eintausendfünfhundertneunundachtzig
b | siebenhundertsiebenundsiebzig Millionen achthundertzweiundfünfzigtausendsechshundertvierundfünfzig
c | fünf Milliarden sechshundertachtundsiebzigtausend
d | neunundsiebzig Milliarden achtundfünfzig Millionen fünfhundertachzigtausendfünfhundertundacht

3 | → Seite 8
a | 4307; **b** | 25 250 052;
c | 93 000 027 300; **d** | 800 008 505 050

4 | → Seite 8
a | 3 085 792; **b** | 211 837 747 550

5 | → Seite 8
3) < 6) < 4) < 1) = 2) < 5)

6 | → Seite 9
zwei Billionen sechzig Milliarden fünfhundertneunundachtzig Millionen siebenhundertdreiundfünfzigtausendeinhundertneunundneunzig

7 | → Seite 9
Mannheim < Hannover < Stuttgart < Köln < München < Hamburg

8 | → Seite 9
Umfang: 40 100 km
Durchmesser: 12 700 km
Gewicht:
5 970 000 000 000 000 000 000 t
Alter: 4 600 000 000 Jahre
Einwohner: 7 128 580 690 Menschen

9 | → Seite 10
a | 999 999; **b** | 10 000; **c** | 10 000; **d** | 6

10 | → Seite 10
a | 10^{15}; **b** | 10^{19}; **c** | 10^{4}; **d** | $5 \cdot 10^{9}$;
e | $780 \cdot 10^{6}$ oder $78 \cdot 10^{7}$

11 | → Seite 10
a | 1 999 999; **b** | 12 122 999 999;
c | 999 999 999

12 | → Seite 10
Es fehlen 572 000 €.

RÖMISCHE ZAHLEN

13 | → Seite 12
XI; XII; XIII; XIV; XV; XVI; XVII; XVIII; XIX; XX; XXI; XXII; XXIII; XXIV; XXV; XXVI; XXVII; XXVIII; XXIX; XXX
M; MC; MCC; MCCC; MCD; MD; MDC; MDCC; MDCCC; MCM; MM

14 | → Seite 12
a | 7; **b** | 19; **c** | 111; **d** | 53; **e** | 1101;
f | 1090

15 | → Seite 12
a | XXXIV; **b** | LXVI; **c** | XCII; **d** | CC; **e** | DLV;
f | MCMLXXXVII

16 | → Seite 12

	VORG.	ZAHL	NACHF.
a	IX	X	XI
b	XXVII	XXVIII	XXIX
c	DXLIX	DL	DLI

17 | → Seite 12
a | VI; **b** | LXII; **c** | MCCCIII; **d** | MMCCCVIII

18 | → Seite 13
a | MDCCCXCVI; **b** | MCCXLVIII; **c** | MDLXXIX;
d | MMDCXX (vor Chr. Geburt)

19 | → Seite 13
a | falsch; **b** | 1900; **c** | 2700; **d** | 16;
e | falsch; **f** | falsch

20 | → Seite 13

a |
```
   X X I X
+      V I
----------
   X X X V
```

b |
```
           L
 - X V I I I
------------
   X X X I I
```

c |
```
   M C M
 - D C C
--------
   M C C
```

21 | → Seite 13
a | IL gibt es nicht; richtig für 49 ist XCIX;
b | Ergebnis falsch, richtig wäre: 1423 = MXCXXIII

22 | → Seite 13
5) < 2) < 3) < 4) < 1) < 6)

23 | → Seite 13
MMMDCIX = 3609
MMMDCLX = 3660 ist um 51 größer.

RUNDEN UND ÜBERSCHLAGEN

24 | → Seite 16
a | 70; **b** | 890; **c** | 720; **d** | 2000

25 | → Seite 16
a | 19 000; **b** | 165 000; **c** | 57 000; **d** | 400 000

26 | → Seite 16

	Z	H	T
15 273	15 270	15 300	15 000
90 909	90 910	90 900	91 000
674 852	674 850	674 900	675 000
876 543	876 540	876 500	877 000

27 | → Seite 16
a | 5673 ≈ 5700; **b** | 148 923 ≈ 148 900;
c | 79 499 ≈ 79 500;
d | 8 888 888 ≈ 8 888 900

28 | → Seite 16

	KLEINSTE	GRÖSSTE
a	65	74
b	850	949
c	2750	2849
d	44 500	45 499
e	34 595	34 604
f	389 500	390 400
g	950 000	1 040 000

29 | → Seite 17
(–: runden ist nicht sinnvoll);
a | ≈ 1 000 000 Einw.; **b** | –; **c** | ≈ 1 m;
d | –; **e** | ≈ 19 000 Zuschauer; **f** | –

30 | → Seite 17
≈ 15 000 € Gewinn für 5 Personen;
≈ 300 € pro Person

31 | → Seite 17
≈ 4 · 3 · 2 · 500 g = 12 kg
Victoria muss für ihre Ponys ca. 12 kg Futter mitnehmen.

32 | → Seite 17

	Z	H	T
27 369	27 370	**27 300 f**	27 000
292 929	292 930	292 900	**292 000 f**
235	**230 f**	200	**200 f**

33 | → Seite 17
Der Fehler ist in Rot unter der gerundeten Zahl angegeben.

	Z	H	T
45 879	45 880 **1**	45 900 **21**	46 000 **121**
98 988	98 990 **2**	99 000 **12**	99 000 **12**
172 834	172 830 **4**	172 800 **34**	173 000 **166**

2. RECHNEN MIT NATÜRLICHEN ZAHLEN

ADDITION UND SUBTRAKTION

1 | → Seite 21

	SUMME	DIFFERENZ
a	80	26
b	294	128
c	1669	715

2 | → Seite 21
a | 82 + **28** = 110; **b** | **258** + 69 = 327;
c | 127 – **53** = 74; **d** | **512** – 77 = 435

3 | → Seite 21
a | 74 + 16 + 98+ 12 = 90 + 110 = 200
b | 92 – 12 + 99 – 29 = 80 +70 = 150
c | 198 + 12 + 32 – 22 = 210 + 10 = 220
d | 733 – 33 + 88 + 27 = 815

4 | → Seite 21

	> 200 UM	< 300 UM
a	35	65
b	59	41
c	87	13

5 | → Seite 21
a | 20 + 30 + 70 – 50 = 70
b | 12 + 18 + 11 + 29 = 70
c | 119 + 227 – 312 + 36 = 70

6 | → Seite 21
a | 2299; **b** | 2046

7 | → Seite 22

a |

	3	**5**	2	1	**4**
+	**5**	4	**6**	2	7
				1	
	8	9	8	**4**	1

b |

	8	3	**7**	5	**2**
+	1	**4**	2	**0**	8
				1	
1	**0**	2	9	6	0

8 | → Seite 22
a | 1160; **b** | 678; **c** | 49 990

9 | → Seite 22
a | 224; **b** | 5166; **c** | 445 082

10 | → Seite 22
49

MULTIPLIKATION UND DIVISION

11 | → Seite 26

a |

4	8	·	5
	2	4	0

b |

1	3	4	·	3	4
		4	0	2	0
			5	3	6
		4	5	5	6

c | 13 464; **d** | 368 742; **e** | 438 672;
f | 56 258 800

12 | → Seite 26

a |

	1	3	8	5	·	2	**3**
			2	7	**7**	0	0
+				**4**	1	5	5
			3	1	8	**5**	5

b |

	3	4	7	·	5	**1**	6
		1	**7**	**3**	5	0	0
+				3	4	7	0
+				2	0	8	**2**
		1	7	9	**0**	**5**	2

13 | → Seite 26
a | 125 · 63 = 7875; **b** | 908 · 54 = 49 032;
c | 786 · 19 = 14 934;
d | (78 + 24) · 12 = 1224;
e | 487 · 23 = 11 201; 547 · 19 = 10 393;
Differenz 808;
f | 25 572 · 25 572 = 653 927 184

14 | → Seite 26
a | 177 · 52 = 9204; **b** | 435 · 14 = 6090;
c | 25 · 154 – 124 = 3850 – 124 = 3726;
d | (33 046 – 1522) · 11 = 346 764

15 | → Seite 26
a | Ein Mensch schläft 2920 h im Jahr.
b | Er muss 728 € bezahlen.

16 | → Seite 27
a | Er ist 12 800 m gelaufen.
b | Die Fahrt kostet 3712 €.
c | Der Fernseher kostet mit Ratenzahlung 2328 €. Das sind 188 € mehr als der normale Preis.
d | Sie haben 333 846 € bezahlt.

17 | → Seite 27

a |

1	3	5	:	5	=	2	7
– 1	0						
	3	5					
–	3	5					
		0					

b | 109; **c** | 14

d |

2	4	1	5	:	2	3	=	1	0	5
– 2	3								
	1	1							
–		0							
	1	1	5						
–	1	1	5						
			0						

e | 13; **f** | 124

18 | → Seite 27

a | 6895 : 7 = 98**5**
− **63**
  5**9**
 − 56
   35
  − **35**
    0

b | 986 : 29 = 3**4**
− **8**7
 11**6**
− 116
   0

19 | → Seite 27

a | (4 + 1) · 5 = 5 · 5 = 25
b | (52 − 16) : 4 = 36 : 4 = 9
c | 10 593 : 3 = 3531
d | 3534 : 38 = 93
e | 6895 : 7 = 985
f | 2 + 24 + 21 = 47

20 | → Seite 28

a | 4095 : 21 = 195; **b |** 216 : 18 = 12;
c | 30 276 · 87 = 2 634 012; 30 276 : 87 = 348; Differenz: 2 633 664;
d | 2352 : 3 − 1176 : 4 = 784 − 294 = 490;
e | (135 − 23) + 6552 : 21 = 112 + 312 = 424

21 | → Seite 28

a | 20 878 : 11 = 1898
Jeder Mitspieler hat 1898 € gewonnen.
b | 377 : 29 = 13
Jeder Mitschüler erhält 13 Süßigkeiten.
c | 10 836 : 7 = 1548
Sie muss 1548 Eimer Wasser schöpfen.
d | 6384 : 8 = 798
Es waren 798 Besucher im Kino.
e | Sven ist 47 Jahre alt.

22 | → Seite 28

22 212 : 3 : 6 = 22 212 : 6 : 3 = 1234
Die Ergebnisse sind gleich.

23 | → Seite 28

a | Das Ergebnis bleibt gleich.
b | Das Ergebnis verdoppelt sich.

3. RECHNEN MIT GRÖSSEN

GEWICHTE UND LÄNGEN

1 | → Seite 33

a | 2 kg; **b |** 7 t; **c |** 3 g; **d |** 25 000 kg

2 | → Seite 33

a | 5000 g; **b |** 7000 kg; **c |** 15 000 mg;
d | 750 000 mg

3 | → Seite 33

a | 3520 g; **b |** 23 002 g; **c |** 15 075 g;
d | 15 725 g

4 | → Seite 33

a | 14 658 kg; **b |** 30 030 kg; **c |** 14 525 kg;
d | 17 602 kg

5 | → Seite 33

2) 2 007 080 g > 4) 3000 g > 5) 2800 g > 1) 2780 g > 6) 2078 g > 3) 2000 g

6 | → Seite 33

2 t 589 kg	2 t 589 g
2 589 888 g	2 kg 589 g 888 mg
2589 mg	2,589 g
2 000 589 g	2589 kg

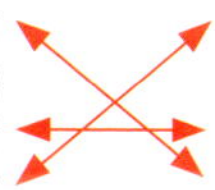

7 | → Seite 33

Beides ist gleich, denn 2000 kg = 2 t.

8 | → Seite 34

a | 47 t 3 kg 500 g; **b |** 581 g; **c |** 4057 mg;
d | 23 100 g; **e |** 351 kg; **f |** 2205 g;
g | 1042 kg; **h |** 8 t 35 kg 258 g

9 | → Seite 34

a | 12 Tüten wiegen 3000 g oder 3 kg.
b | Er wiegt nach dem Backen 1698 g.

10 | → Seite 34

a | Alles zusammen wiegt 4150 kg. Es können also noch 350 kg zugeladen werden.
b | 105 kg : 7 = 15 kg pro Kiste
15 000 g : 30 = 500 g
Jedes Buch wiegt durchschnittlich 500 g.

11 | → Seite 34

a | 4 dm; **b |** 75 m; **c |** 30 cm; **d |** 8 km

12 | → Seite 34

a | 20 dm; **b |** 8000 m; **c |** 50 mm;
d | 900 cm

13 | → Seite 34
a | 12 cm; **b** | 300 cm; **c** | 110 cm;
d | 332 cm

14 | → Seite 35
340 cm = 34 dm; 304 dm = 30 400 mm

15 | → Seite 35
6) 1053,1 cm > 3) 203 cm > 4) 154 cm
> 5) 153,1 cm > 1) 153 cm > 2) 150,3 cm

16 | → Seite 35
a | 75 dm; **b** | 2515 cm; **c** | 1148 cm;
d | 3063 m

17 | → Seite 35
a | 3 cm; **b** | 67 cm; **c** | 90 cm;
d | 64 cm 2 mm

18 | → Seite 35
a | 25 m + 32 m + 25 m + 32 m = 114 m
Der Draht muss 114 m lang sein.
b | Der Holzstapel ist 60 cm oder 6 dm dick.
c | Die Fußleiste muss 1460 cm lang sein.
d | 42 195 m : 400 m = 105,5
Er müsste 105 ganze Runden und eine halbe Runde laufen.

19 | → Seite 35
a | 1 cm ≙ 800 000 cm
20 cm ≙ 16 000 000 cm
16 000 000 cm = 160 km
b | 400 km = 40 000 000 cm
40 000 000 cm : 800 000 = 50 cm

WÄHRUNGEN UND ZEITANGABEN

20 | → Seite 38
a | 3 €; **b** | 1500 ct; **c** | 328 €; **d** | 305 ct oder 3,05 €

21 | → Seite 38
a | 55 ct + 60 ct · 2 + 100 ct + 200 ct
= 475 ct
Er hat noch 25 ct oder 0,25 € übrig.
b | 120 € – 40 € – 30 € = 50 €
5000 ct : 4 = 1250 ct
Jede bekommt 12,50 €.
c | Sie kostet 5390 ct oder 53,90 €.
d | Nach ungefähr 88 Tagen hat sich der Kauf der Brotdose gelohnt.

e | 525 € kostet die Fahrt insgesamt.
Fahren 7 Personen nicht mit:
525 € : 21 = 25 €.
Wenn 7 Personen nicht an der Klassenfahrt teilnehmen, muss jeder 25 € bezahlen.

22 | → Seite 38
72 cm sind 12 Rollen à 6 cm.
12 Rollen · 25 € = 300 €
72 cm entsprechen 300 1-€-Stücken.

23 | → Seite 38
Summe Materialkosten: 12 €
Kosten pro Buchstütze: 1,20 €
Jede Buchstütze muss mindestens 1,20 € kosten, um die Kosten zu erwirtschaften.

24 | → Seite 38
450 · 745 Öre = 335 250 Öre
= 3352,50 DKK.
Max' Vater bekommt 3352,50 DKK.

25 | → Seite 39
3 t = 3000 000 g
3 000 000 g : 3 g = 1 000 000 [Stück]
1 000 000 ct : 2 = 500 000 ct = 5000 €
1 Million 2 ct Münzen wiegen 3 t, das sind 5000 €.

26 | → Seite 39
a | 120 min; **b** | 245 min; **c** | 18 min;
d | 3547 min

27 | → Seite 39
a | 13 h; **b** | 16 h 35 min; **c** | 20 h 36 min;
d | 8 h 2 min

28 | → Seite 39
a | 243 min; **b** | 139 min; **c** | 148 s;
d | 2484 min

29 | → Seite 39
Eine Woche hat 7 · 24 h = 168 h.

30 | → Seite 39
a | 176 min; **b** | 211 min 35 s; **c** | 26 h;
d | 4966 min = 82 h 46 min; **e** | 33 139 s;
f | 14 049 h; **g** | 245 100 s; **h** | 46 h

31 | → Seite 39
Um 9.13 Uhr fährt der Zug ab.

32 | → Seite 39
Um 7.20 Uhr muss Jenny losgehen.

33 | → Seite 40

a |

	ENDZEIT
Starmodel	16.17 Uhr
Der TierDoc	18.50 Uhr
Der Rosenfreund	20.17 Uhr
Super-Disco	22.43 Uhr

b | Insgesamt brauchen die Sendungen 315 min = 5 Stunden und 15 Minuten.

34 | → Seite 40

4 Wochen sind 28 Tage. 28 Tage vor dem 20. Mai ist der 22. April. Sie muss die Einladungen am 22. April verteilen.

35 | → Seite 40

Justine ist 90 Tage alt.
Felix ist 3650 Tage alt.
Henrike ist 4380 Tage alt.
Papa ist 14 600 Tage alt.

36 | → Seite 40

Ein Pony atmet ca. 480-mal in der Stunde, 11 520-mal am Tag und 345 600-mal im Monat.

37 | → Seite 40

Sarah braucht 22 Minuten.

38 | → Seite 40

3240 min = 54 h = 2 d 6 h
Selbst wenn Marek ohne Pause arbeitet, braucht er bis Freitag 14 Uhr.

4. GANZE ZAHLEN

GANZE ZAHLEN

1 | → Seite 44

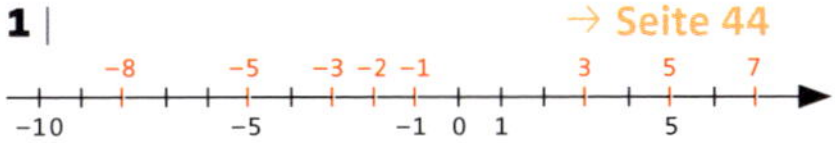

2 | → Seite 44

Von links: –6; –2; 1; 7

3 | → Seite 44

a | 9 > 7; **b** | –9 < –7; **c** | 13 < 15;
d | –99 < –98; **e** | –1001 < 1200;
f | –10 000 < –9998

4 | → Seite 44

	VORG.	ZAHL	NACHF.
a	19	20	21
b	–19	–18	–17
c	99	100	101
d	–101	–100	–99

5 | → Seite 44

a | 15 °C; **b** | 7 €; **c** | 26 cm; **d** | 50 °C

6 | → Seite 45

Deine Lösung könnte lauten:
a | –6, –7, –8, –9, –10
b | –3, –2, –1, 0, 1
c | 0, –1, –2, –3, –4
d | 4, 5, 6, 7, 8
Auch andere Zahlen sind möglich.

7 | → Seite 45

a | mehr; **b** | weniger; **c** | mehr; **d** | weniger; **e** | mehr; **f** | mehr; **g** | weniger

8 | → Seite 45

a | Frau Lange kann 3500 € einplanen.
b | Herr Willmer hat seine Schulden in 3 Monaten zurückgezahlt.
c | Sebastian braucht 45 € von der Bank.

RECHNEN MIT GANZEN ZAHLEN

9 | → Seite 48

a | –8; **b** | –13; **c** | 7; **d** | 1

10 | → Seite 48

a | 1; **b** | –7; **c** | 4; **d** | 7

11 | → Seite 48

a | –7; **b** | 19; **c** | 4; **d** | –32

12 | → Seite 48

a | 10 **–** (+10) **+** (+30) **–** (+10) = 20
b | –17 **+** (+18) **–** (–7) **–** (–12) = 20
c | –34 **+** (+3) **–** (– 15) **–** (+4) = – 20

13 | → Seite 48

a | Man muss 44 zu –7 addieren, um 37 zu erhalten.
b | Man muss 201 von 125 subtrahieren, um –76 zu erhalten.

14 | → Seite 48
Der Bau ist 4633 Jahre her:
2013 Jahre – (–2620 Jahre) = 4633 Jahre

15 | → Seite 49
Der Temperaturunterschied war von Dienstagmorgen zu Dienstagmittag mit 17 °C am größten.

16 | → Seite 49

DATUM	VERÄNDERUNG IN €	KONTOSTAND IN €
1.8.	**+248**	248
5.8.	–50	**198**
7.8.	**–120**	78
20.8.	+400	**478**
31.8.	–398	**80**

17 | → Seite 49
a | –14; **b** | 156; **c** | 81 – (–105) + 18 = 204; **d** | 200 – 60 – 44 = 96

18 | → Seite 49
a | +22; **b** | –70; **c** | –56; **d** | +180

19 | → Seite 49
a | –5; **b** | –9; **c** | +86; **d** | +5

20 | → Seite 50
a | (–56) : (**+**8) = –7
b | 144 : (**–**12) = –12
c | (–1200) : (**–**30) = +40
d | 63 000 : (**–**105) = 600

21 | → Seite 50
a | >; **b** | >; **c** | <

22 | → Seite 50
a | 108; **b** | –71; **c** | –64

23 | → Seite 50
a | –8; **b** | –48; **c** | –9 + 1 = –8;
d | [(–79 + 84) · 10] + 27 = 77

24 | → Seite 50
[(98 – 49) – (–52 – 63)] · (–2) = –328

25 | → Seite 50
Ist die Anzahl der negativen Faktoren gerade, wird das Ergebnis positiv, also +1, da immer: (–1) · (–1) = +1.
Ist die Anzahl der negativen Faktoren ungerade, wird das Ergebnis negativ, also –1, da jeweils (–1) · (–1) = +1, aber eine (–1) bleibt bei ungerader Anzahl über; (–1) wird also noch mit dem Ergebnis der geraden Anzahl multipliziert und – · + = –.

5. GRUNDBEGRIFFE DER GEOMETRIE

GERADE UND STRECKE

1 | → Seite 55

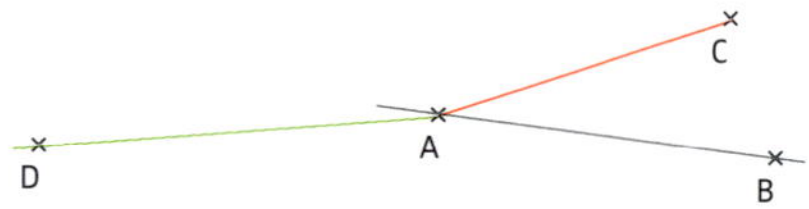

2 | → Seite 55
1) Strecke; 2) Strahl; 3) Gerade.

3 | → Seite 55
Anzahl der Schnittpunkte: 7

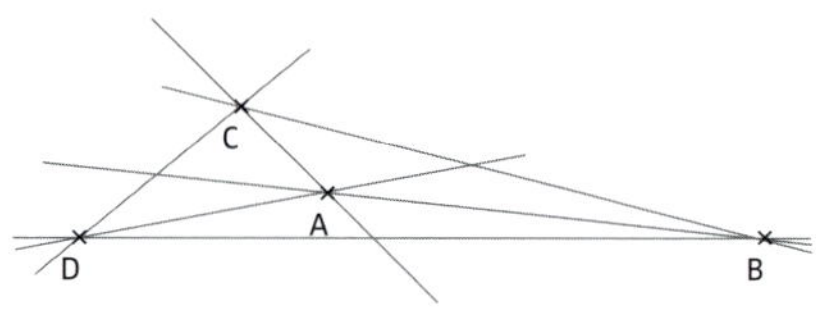

4 | → Seite 55
$\overline{AB}$ = 3 cm; $\overline{CD}$ = 6 cm; $\overline{EF}$ = 4 cm;
$\overline{GH}$ = 3 cm; $\overline{IJ}$ = 7 cm; $\overline{KL}$ = 1 cm; $\overline{MN}$ = 2 cm

5 | → Seite 56

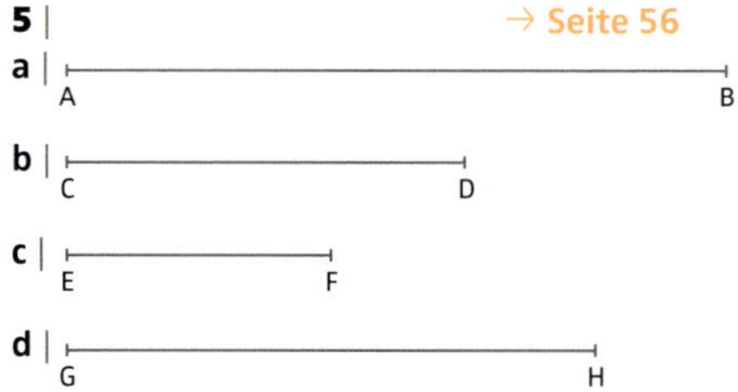

6 | → Seite 56
AB, AC, AD, AE, Af, BC, BD, BE, BF, CD, CE, Cf, DE, DF, EF

7 | → Seite 56
Senkrecht sind: g und h; i und k; l und m.

8 | → Seite 56

mögliche Lösung:

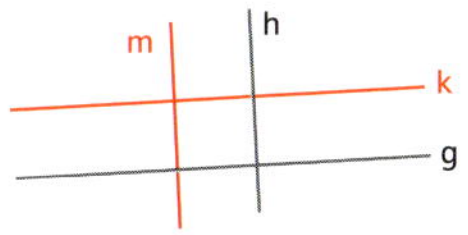

9 | → Seite 56

z. B.: Fensterecken, Straßenkreuzung, Kreuze in der Kirche, Türrahmen

10 | → Seite 56

z. B.: gegenüberliegende Tischkanten, übereinanderliegende Regalbretter, Schrankseiten

11 | → Seite 56

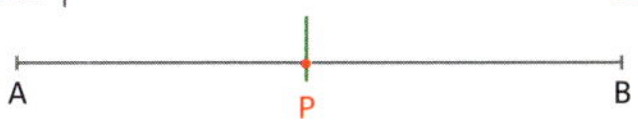

12 | → Seite 57

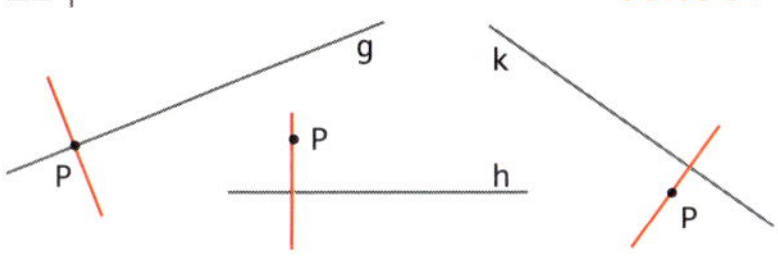

13 | → Seite 57

mögliche Lösung:

14 | → Seite 57

Parallel zueinander sind g und i, j und k.

15 | → Seite 57

Parallel: g und h; i und j;
senkrecht: g und k; h und k; i und l; j und l.

16 | → Seite 57

m steht ebenfalls senkrecht auf h.

17 | → Seite 57

mögliche Lösung:

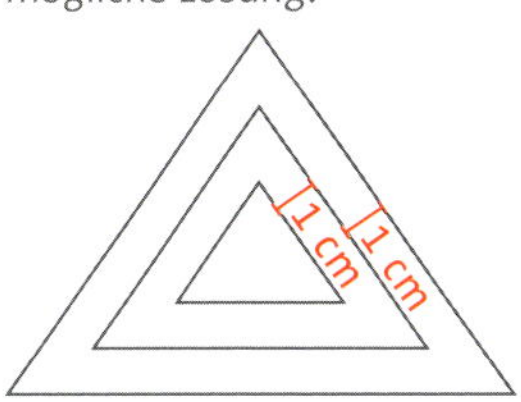

WINKEL

18 | → Seite 60

a |

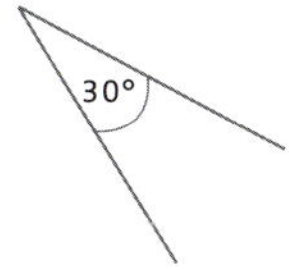

b |

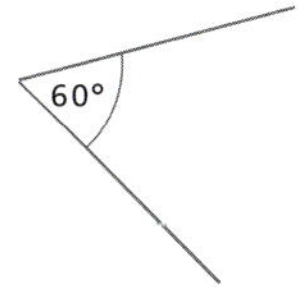

c |

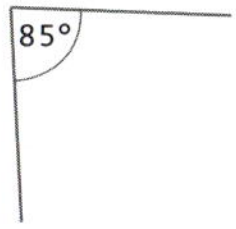

d |

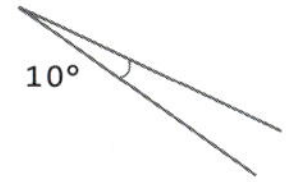

19 | → Seite 60

a |

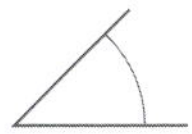

b |

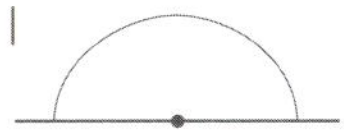

c |

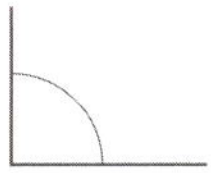

d |

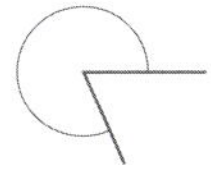

20 | → Seite 60

$\alpha = 32°$; $\beta = 56°$; $\gamma = 112°$; $\delta = 26°$; $\epsilon = 90°$

21 | → Seite 61

a | 90°; **b** | 120°; **c** | 60°; **d** | 180°

22 | → Seite 61

a | 360° – 90° = 270°; **b** | 240°; **c** | 300°;
d | 180°

23 | → Seite 61

Der Winkel bei C misst 90°.

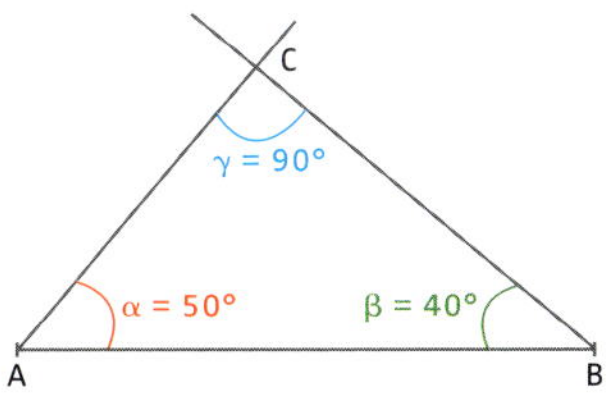

24 | → Seite 61

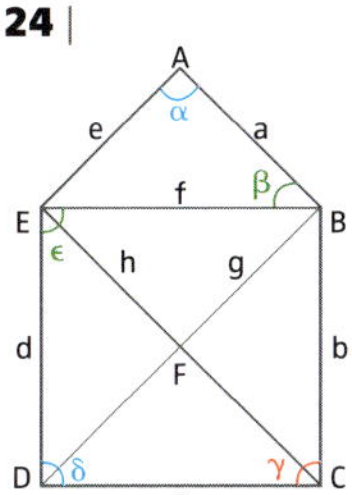

KOORDINATENSYSTEM

25 | → Seite 64

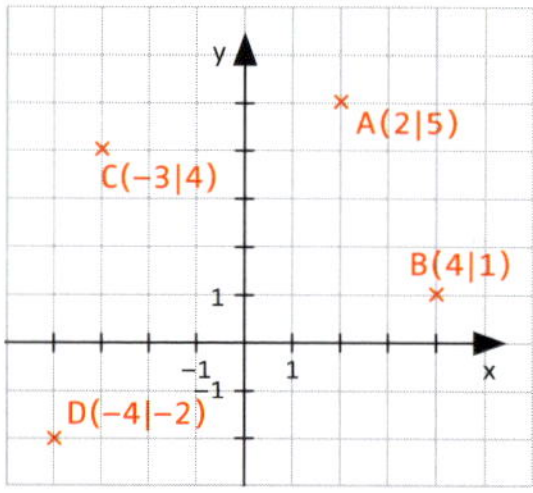

26 | → Seite 64

a | + **b** |

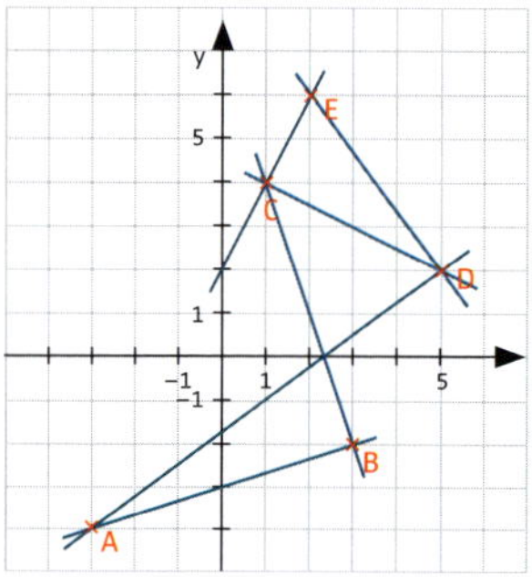

27 | → Seite 64

A(2|4); B(1|6); C(−3|3); D(−5|8); E(−4|1); F(7|2)

28 | → Seite 65

a | − **c** |

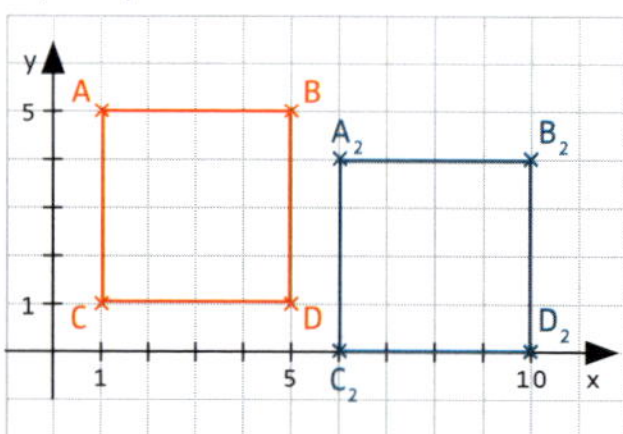

b | ein Quadrat

d | $B_2(10|4)$; $C_2(6|0)$; $D_2(10|0)$

29 | → Seite 65

a | + **b** |

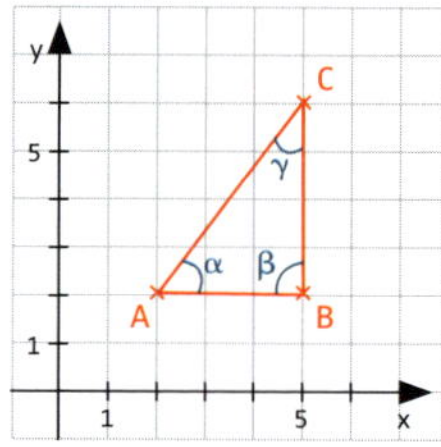

b | Dreieck; **c** | $\alpha = 57°$; $\beta = 90°$; $\gamma = 33°$

SYMMETRIE

30 | → Seite 68

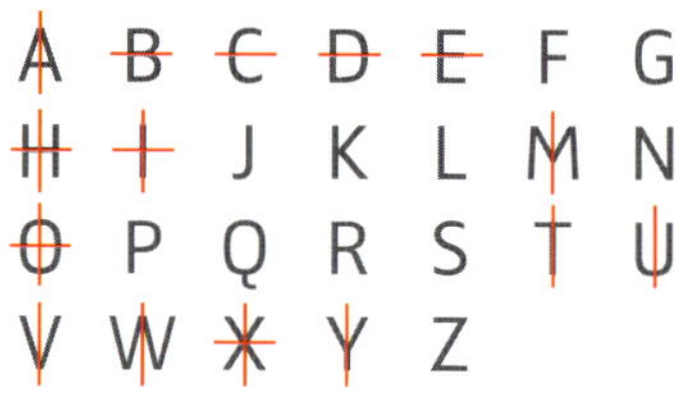

31 | → Seite 68

Verkehrsschilder: z. B. „Vorfahrt achten"; Schultische; Fenster; Blätter von Bäumen: z. B. Ahornblätter; Schulhefte, in der Mitte aufgeklappt; Nationalflaggen: z. B. Schweiz

32 | → Seite 68

33 | → Seite 68

Mögliche Lösung

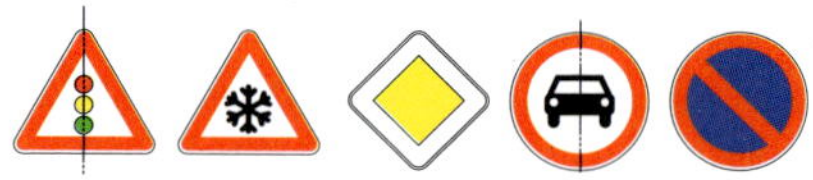

34 | → Seite 68

35 | → Seite 68

a |

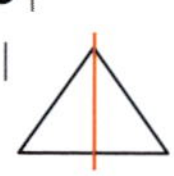

b |

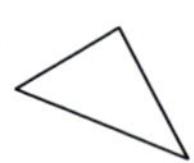

c |

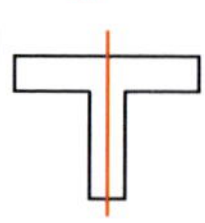

d |

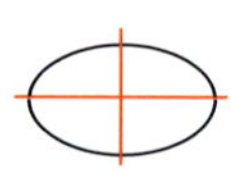

e | 

f | 

36 | → Seite 69

37 | → Seite 69

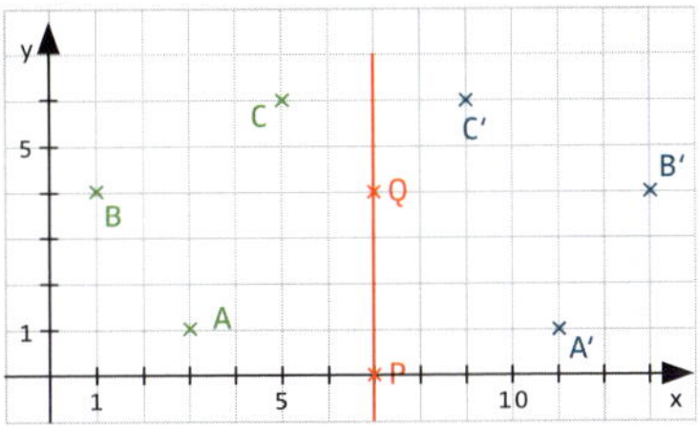

38 | → Seite 69

a | + **b** | + **c** |

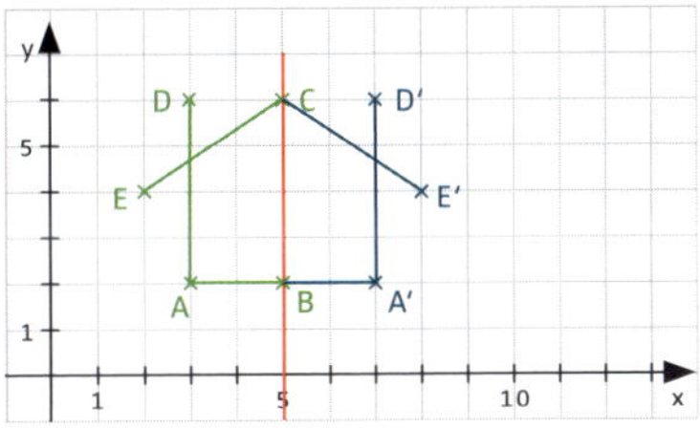

39 | → Seite 69

a | + **b** |

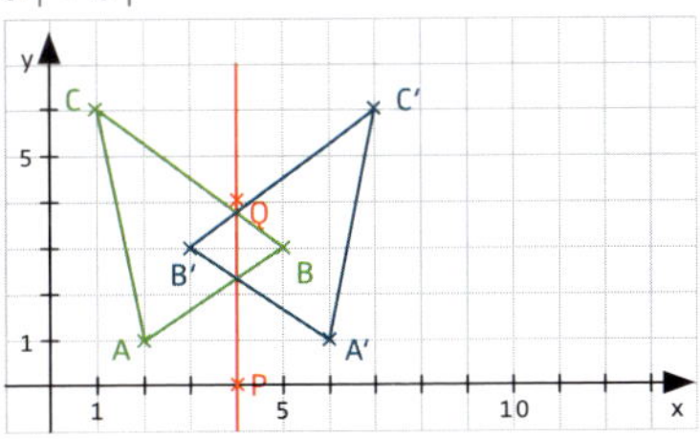

40 | → Seite 69

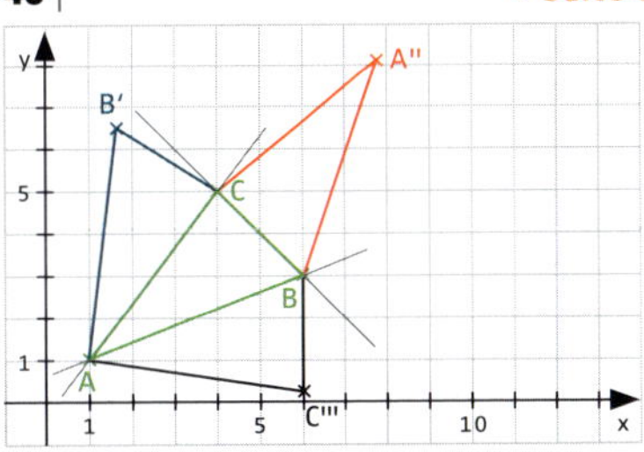

41 | → Seite 69

a | + **b** | + **d** |

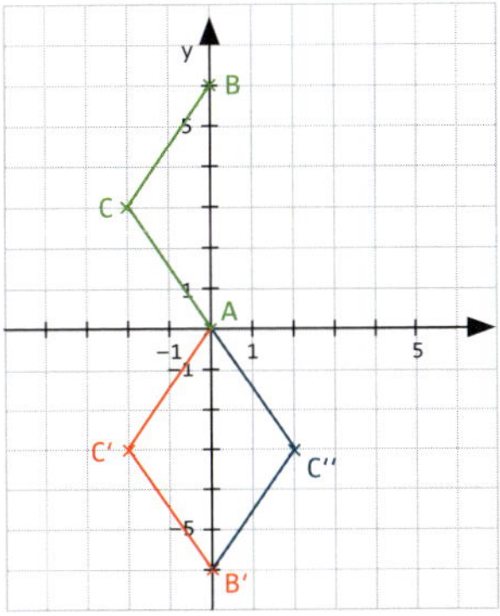

c | A"(0|0); B"(0|–5); C"(2|–3)
e | Die Figuren aus **b** | und **d** | sind gleich.

6. TEILBARKEIT

TEILER

1 | → Seite 73

ZAHL	2	3	4	5
42	×	×		
92	×		×	
120	×	×	×	×
243		×		
3216	×	×	×	
8400	×	×	×	×

2 | → Seite 73

a | $T_{50} = \{1; 2; 5; 10; 25; 50\}$;
b | $T_{27} = \{1; 3; 9; 27\}$; **c** | $T_{13} = \{1; 13\}$;
d | $T_{34} = \{1; 2; 17; 34\}$

3 | → Seite 73

$T_{50} = \{1; 2; 5; 10; 25; 50\}$
$T_{36} = \{1; 2; 3; 6; 9; 18; 36\}$
echter gemeinsamer Teiler: 2

4 | → Seite 73

120

5 | → Seite 73

6, 8, 10

6 | → Seite 73
30; 60; 90; 120; 150; 180; ...

7 | → Seite 73
z.B. 7; 77; 13

8 | → Seite 73
1 · 2 €; 2 · 1 €; 4 · 50 ct; 10 · 20 ct;
20 · 10 ct; 40 · 5 ct; 100 · 2 ct; 200 · 1 ct

9 | → Seite 74
Wahr: **a** |; **d** |; **e** |; falsch: **b** |; **c** |

10 | → Seite 74
29 ist eine Primzahl, hat also keine Teiler. Deshalb kann man die Gruppe nur in ungleich große Kleingruppen einteilen.

11 | → Seite 74
Eine solche Zahl kann man nicht bestimmen, da es unendlich viele Zahlen gibt und damit auch unendlich viele Teiler.

12 | → Seite 74
z.B.: 4; 9; 16; 81; 27

13 | → Seite 74
Die mögliche Personenanzahl entspricht allen Teilern von 24:
T_{24} = {1; 2; 3; 4; 6; 8; 12; 24}

14 | → Seite 74
275 88**0**

GRÖSSTER GEMEINSAMER TEILER UND KLEINSTES GEMEINSAMES VIELFACHES

15 | → Seite 77
a | T_8 = {1; 2; <u>4</u>; 8}; T_{12} = {1; 2; 3; <u>4</u>; 6; 12}
b | T_{16} = {1; 2; 4; <u>8</u>; 16};
T_{24} = {1; 2; 3; 4; 6; <u>8</u>; 12; 24}
c | T_{51} = {1; 3; <u>17</u>; 51};
T_{68} = {1; 2; 4; <u>17</u>; 34; 68}

16 | → Seite 77
a | ggT (24; 36) = 12; **b** | ggT (36; 54) = 18;
c | ggT (27; 49) = 1; **d** | ggT (29; 51) = 1

17 | → Seite 77
a | ggT (12; 48; 54) = 6
b | ggT (15; 40; 60) = 5
c | ggT (9; 81; 108) = 9
d | ggT (105; 70; 280) = 35

18 | → Seite 77
a | T_{16} = {1; **2**; 4 ; **8**; 16}; **b** | T_{21} = {1; 3; 7; **21**}; **c** | T_{35} = {1; 5; **7**; **35**};
d | T_{54} = {1; 2; **3**; 6; **18**; 27; **54**}

19 | → Seite 77
Es gibt mehrere Lösungen, z.B. 330.

20 | → Seite 77
ggT (28; 64; 112; 256) = 4

21 | → Seite 77
ggT (75; 120) = 15
Wenn man die Seile in 15-cm-Stücke teilt, kann man die Seile ohne Rest teilen.

22 | → Seite 78
a | V_4 = {4; 8; 12; 16; **20**; ...};
V_{10} = {10; **20**; 30; 40; 50; ...}
b | V_8 = {8; 16; **24**; 32; 40; ...}
V_{12} = {12; **24**; 36; 48; 60; ...}
c | V_{15} = {15; 30; 45; **60**; 75; ...}
V_{20} = {20; 40; **60**; 80; 100; ...}
d | V_6 = {6; 12; 18; 24; 30; ...}
V_{25} = {25; 50; 75; 100; 125; ...}

23 | → Seite 78
a | kgV (6; 8) = 24; **b** | kgV (12; 15) = 60;
c | kgV (7; 5) = 35; **d** | kgV (22; 33) = 78

24 | → Seite 78
ggT:
a | 4; **b** | 18; **c** | 6; **d** | 5
kgV:
a | 60; **b** | 108; **c** | 144; **d** | 225

25 | → Seite 78
kgV (3; 4) = 12; kgV (3; 12) = 12;
kgV (3; 12) = 12; kgV (6; 12) = 12

26 | → Seite 78
Nach 75 cm treffen die Fugen aufeinander.

27 | → Seite 78
a | Sie treffen sich nach 400 s das erste Mal. **b** | Sie treffen sich alle 400 s, also nach 400 s, 800 s, 1200 s, 1600 s, ...

PRIMZAHLEN UND PRIMFAKTORZERLEGUNG

28 | → Seite 81
11; 13; 17; 19; 23; 29

29 | → Seite 81

z.B.: $2 \cdot 3 \cdot 5 = 15$ oder $7 \cdot 11 \cdot 13 = 1001$

30 | → Seite 81

z.B.: $2 \cdot 31 \cdot 53 \cdot 11 = 36\,146$
$13 \cdot 3 \cdot 5 \cdot 37 = 7215$

31 | → Seite 81

a | $18 = 2 \cdot 3 \cdot 3 = 2 \cdot 3^2$
b | $26 = 2 \cdot 13$
c | $64 = 2 \cdot 2 \cdot 2 \cdot 2 \cdot 2 \cdot 2 = 2^6$
d | $108 = 2 \cdot 2 \cdot 3 \cdot 3 \cdot 3 = 2^2 \cdot 3^3$
e | $264 = 2 \cdot 2 \cdot 2 \cdot 3 \cdot 11 = 2^3 \cdot 3 \cdot 11$
f | $1200 = 2 \cdot 2 \cdot 2 \cdot 2 \cdot 3 \cdot 5 \cdot 5 = 2^4 \cdot 3 \cdot 5^2$

32 | → Seite 81

$3 \cdot 5 \cdot 7 = 105$
Teiler sind Kombinationen der Zahlen der Primfaktorzerlegung.
$T_{105} = \{1; 3; 5; 7; 15; 21; 35; 105\}$

33 | → Seite 81

$51 = 3 \cdot 17$; $64 = 2^6$

34 | → Seite 81

Es sind gleich viele (23; 29 und 53; 59).

35 | → Seite 81

a | Ja, z.B. 2 und 3; **b** | ja, z.B. 3; 5 und 5; 7 und 11; 13; **c** | nein, denn jede 3. ungerade Zahl ist durch 3 teilbar und somit keine Primzahl; **d** | ja, z.B. 3; 5; 7; **e** | nein, die Primzahlen sind Teiler des Produktes.

36 | → Seite 82

a | $36 = 2 \cdot 2 \cdot 3 \cdot 3$; $24 = 2 \cdot 2 \cdot 2 \cdot 3$;
kgV (36; 24) $= 2 \cdot 2 \cdot 2 \cdot 3 \cdot 3 = 72$
b | $16 = 2 \cdot 2 \cdot 2 \cdot 2$; $90 = 2 \cdot 3 \cdot 3 \cdot 5$;
kgV (16; 90) $= 2^4 \cdot 3^2 \cdot 5 = 720$

37 | → Seite 82

a | $60 = 2 \cdot 2 \cdot 3 \cdot 5$; $24 = 2 \cdot 2 \cdot 2 \cdot 3$;
ggT (60; 24) $= 2 \cdot 2 \cdot 3 = 12$
b | $45 = 3 \cdot 3 \cdot 5$; $36 = 2 \cdot 2 \cdot 3 \cdot 3$;
ggT (45; 36) $= 3 \cdot 3 = 9$

38 | → Seite 82

a | ggT (24; 28) = 4; kgV (24; 28) = 168
b | ggT (72; 54) = 18; kgV (72; 54) = 216
c | ggT (71; 37) = 1; kgV (71; 37) = 2627
d | ggT (68; 91) = 1; kgV (68; 91) = 6188

39 | → Seite 83

$T_{60} = \{1, \mathbf{2}, \mathbf{3}, 5, \mathbf{6}, \mathbf{12}, 15, 20, 30, 60\}$
$T_{36} = \{1, \mathbf{2}, \mathbf{3}, \mathbf{6}, \mathbf{12}, 9, 18, 36\}$
$T_{108} = \{1, \mathbf{2}, \mathbf{3}, 4, \mathbf{6}, \mathbf{12}, 21, 27, 36, 54, 108\}$

40 | → Seite 83

kgV (12; 27; 30) = 540

41 | → Seite 83

kgV (3; 5) = 15; alle 15 Wochen.

42 | → Seite 83

Ja, jeder bekommt dann 17 498 €.

43 | → Seite 83

Der ggT zweier Primzahlen ist immer 1.

44 | → Seite 83

8470

45 | → Seite 83

13 520

46 | → Seite 83

480, 960, 1440

47 | → Seite 83

kgV (20; 36) = 180; in 180 cm Höhe.

7. BRUCHRECHNUNG

ANTEILE; ERWEITERN UND KÜRZEN VON BRÜCHEN

1 | → Seite 87

a | $\frac{4}{20}$; **b** | $\frac{8}{20}$; **c** | $\frac{5}{20}$; **d** | $\frac{6}{20}$

2 | → Seite 87

a |
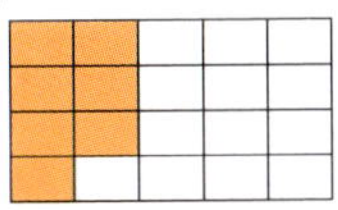

b |
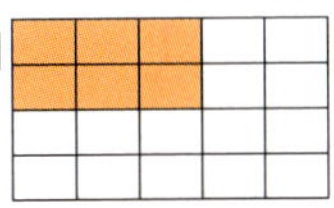

c |
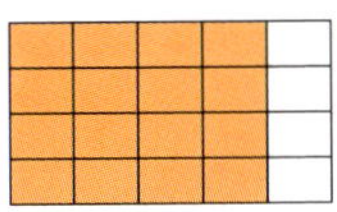

d |
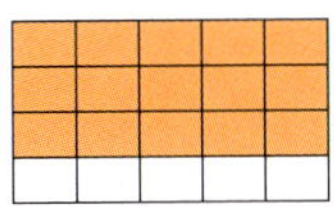

3 | → Seite 88

a | 1) $\frac{6}{16}$; 2) $\frac{1}{2}$; 3) $\frac{7}{12}$; 4) $\frac{3}{12}$
b | 1) $\frac{10}{16}$; 2) $\frac{1}{2}$; 3) $\frac{5}{12}$; 4) $\frac{9}{12}$

4 | → Seite 88

a | – f |

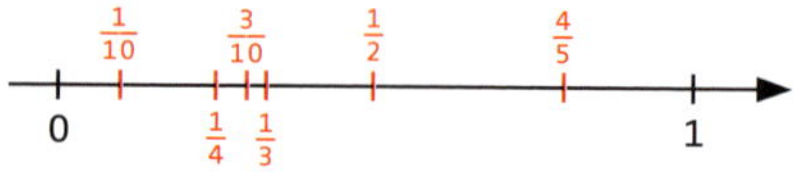

5 | → Seite 88

$\frac{2}{5}$ von 60 kg = 24 kg; $\frac{5}{6}$ von 60 kg = 50 kg; $\frac{3}{4}$ von 60 kg = 45 kg

6 | → Seite 88

$\frac{3}{5} = \frac{9}{15} = \frac{15}{25} = \frac{30}{50} = \frac{60}{100}$

7 | → Seite 88

a | $\frac{5}{10}$; **b** | $\frac{55}{75}$; **c** | $\frac{15}{20}$; **d** | $\frac{25}{30}$

8 | → Seite 88

$\frac{9}{12}$; $\frac{15}{20}$; $\frac{27}{36}$; $\frac{33}{44}$

9 | → Seite 89

$\frac{30}{50} = \frac{15}{25} = \frac{6}{10} = \frac{3}{5}$

10 | → Seite 89

a | $\frac{2}{4}$; **b** | $\frac{3}{7}$; **c** | $\frac{5}{8}$; **d** | $\frac{9}{12}$

11 | → Seite 89

a | $\frac{1}{2} = \frac{12}{24}$; **b** | $\frac{3}{5} = \frac{60}{100}$; **c** | $\frac{3}{8} = \frac{24}{64}$; **d** | $\frac{3}{12} = \frac{4}{16}$

12 | → Seite 89

a | $\frac{5}{6}$; **b** | $\frac{9}{20}$

13 | → Seite 89

a | $\frac{7}{8} = \frac{21}{24}$; **b** | $\frac{6}{8} = \frac{18}{24}$; **c** | $\frac{2}{8} = \frac{6}{24}$; **d** | $\frac{4}{8} = \frac{12}{24}$

14 | → Seite 89

a | $\frac{3}{8}$; $\frac{4}{8}$; $\frac{6}{8}$; **b** | $\frac{14}{21}$; $\frac{15}{21}$; $\frac{12}{21}$; $\frac{7}{21}$; **c** | $\frac{12}{48}$; $\frac{32}{48}$; $\frac{30}{48}$; $\frac{36}{48}$;
d | $\frac{45}{54}$; $\frac{6}{54}$; $\frac{10}{54}$; $\frac{36}{54}$

15 | → Seite 89

$\frac{3}{5} = \frac{45}{75}$; $\frac{7}{9} = \frac{175}{225}$; $\frac{3}{8} = \frac{51}{136}$; $\frac{3}{7} = \frac{9}{21}$

ADDIEREN UND SUBTRAHIEREN VON BRÜCHEN

16 | → Seite 92

a | $\frac{16}{8} = 2$; **b** | $\frac{28}{4} = 7$; **c** | $\frac{133}{11}$; **d** | $\frac{30}{30} = 1$

17 | → Seite 92

a | $\frac{13}{20}$; **b** | $\frac{10}{21}$; **c** | $\frac{3}{2}$; **d** | $\frac{13}{24}$; **e** | $\frac{37}{60}$;

18 | → Seite 92

a | $\frac{9}{5}$; **b** | $\frac{24}{6} = 4$; **c** | $\frac{-30}{30} = -1$; **d** | $\frac{17}{7}$

19 | → Seite 92

a | $\frac{13}{28}$; **b** | $\frac{7}{24}$; **c** | $\frac{1}{2}$; **d** | $\frac{1}{12}$; **e** | $\frac{13}{60}$; **f** | $\frac{4}{7}$

20 | → Seite 93

a | $\frac{7}{9}$; **b** | $\frac{1}{30}$; **c** | $\frac{23}{97}$; **d** | $\frac{121}{72}$; **e** | $\frac{31}{20}$; **f** | $\frac{17}{35}$

21 | → Seite 93

a | $\frac{3}{5} + \frac{1}{15} > \frac{4}{5} - \frac{1}{3}$; **b** | $\frac{17}{24} - \frac{2}{3} < \frac{1}{3} - \frac{1}{4}$;
c | $\frac{7}{15} - \frac{1}{10} < \frac{11}{18} - \frac{1}{5}$; **d** | $\frac{2}{7} + \frac{5}{12} - \frac{5}{14} < 1\frac{1}{8} - \frac{7}{9}$

22 | → Seite 93

a | $\frac{11}{12} + \frac{2}{3} = \frac{19}{12}$; $\frac{11}{12} - \frac{2}{3} = \frac{1}{4}$
b | $\frac{5}{6} + \frac{11}{15} = \frac{67}{50}$; $\frac{5}{6} - \frac{11}{15} = \frac{1}{10}$

23 | → Seite 93

a | 2); **b** | 1)

GEMISCHTE ZAHLEN; VERGLEICHEN VON BRÜCHEN

24 | → Seite 96

a | $1\frac{1}{2}$; **b** | $2\frac{1}{7}$; **c** | $4\frac{1}{12}$; **d** | $7\frac{2}{4} = 7\frac{1}{2}$

25 | → Seite 96

a | $\frac{9}{2}$; **b** | $\frac{11}{5}$; **c** | $\frac{43}{8}$; **d** | $\frac{69}{49}$; **e** | $\frac{80}{7}$; **f** | $\frac{257}{10}$

26 | → Seite 96

$1\frac{3}{5} = \frac{96}{60}$; $3\frac{9}{21} = \frac{24}{7}$; $\frac{175}{225} = \frac{7}{9}$; $3\frac{6}{11} = \frac{78}{22}$

27 | → Seite 96

Größer als 2 sind:
$\frac{12}{5}$, $1\frac{7}{5}$, $\frac{29}{5}$, $2\frac{3}{10}$, $\frac{17}{7}$, $\frac{5}{2}$, $1\frac{13}{10}$

28 | → Seite 96

a | $3\frac{20}{25}$; **b** | $11\frac{16}{56}$

29 | → Seite 97

a | $\frac{5}{6} = 1\frac{1}{6} < \frac{4}{3} < 1\frac{2}{3} = \frac{5}{3}$
b | $3\frac{5}{6} < \frac{48}{12} < 4\frac{1}{6} < 1\frac{47}{12} < 4\frac{4}{3}$

30 | → Seite 97

a | $\frac{9}{11} > \frac{7}{11}$; **b** | $\frac{5}{12} > \frac{5}{14}$; **c** | $\frac{4}{15} = \frac{12}{45}$; **d** | $\frac{4}{9} < \frac{3}{8}$;
e | $\frac{28}{39} > \frac{8}{13}$; **f** | $\frac{4}{11} > \frac{3}{10}$

31 | → Seite 97

$\frac{4}{10}$, $\frac{1}{2}$, $1\frac{11}{20}$, $\frac{4}{5}$, $1\frac{1}{5}$, $\frac{5}{4}$, $2\frac{1}{10}$, $2\frac{3}{10}$, $\frac{5}{2}$, $\frac{17}{5}$

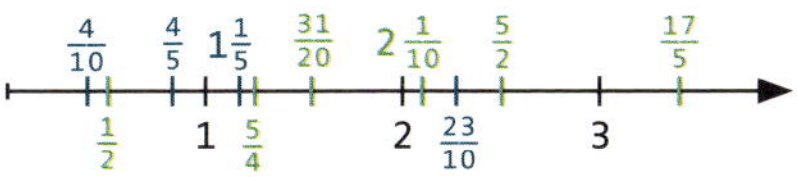

32 | → Seite 97

a | wahr; **b** | wahr; **c** | falsch; **d** | falsch; **e** | falsch; **f** | falsch

8. FLÄCHEN UND KÖRPER

FLÄCHEN BERECHNEN

1 | → Seite 102

a | Quadrat; **b** | Raute; **c** | Trapez; **d** | Dreieck; **e** | Rechteck; **f** | Parallelogramm

2 | → Seite 102

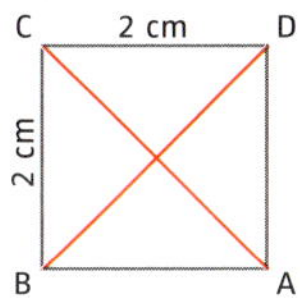

3 | → Seite 102

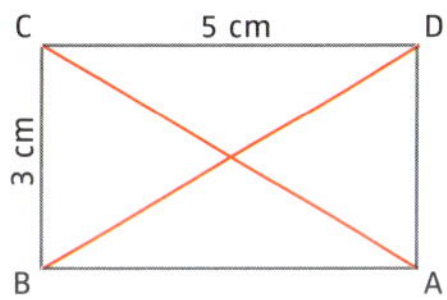

4 | → Seite 102

Dreieckig: Vorfahrt achten, alle dreieckigen Vorsichtszeichen: z. B. Baustelle, Stau; viereckig: z. B. Vorfahrtstraße (Quadrat, Raute); Einbahnstraße (Rechteck), Fußgängerüberweg (Quadrat)

5 | → Seite 102

Quadrat, Rechteck, Trapez, Raute, Parallelogramm, Dreieck

6 | → Seite 102

a |

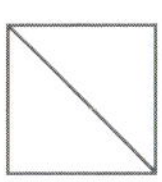

b |

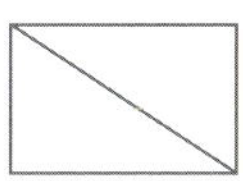

c |

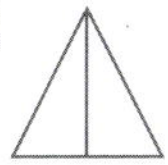

d |

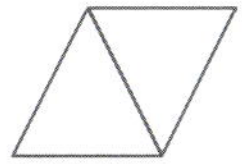

e |

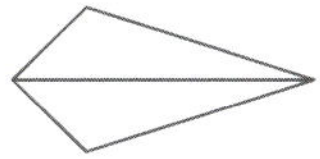

7 | → Seite 103

a | – **c** |

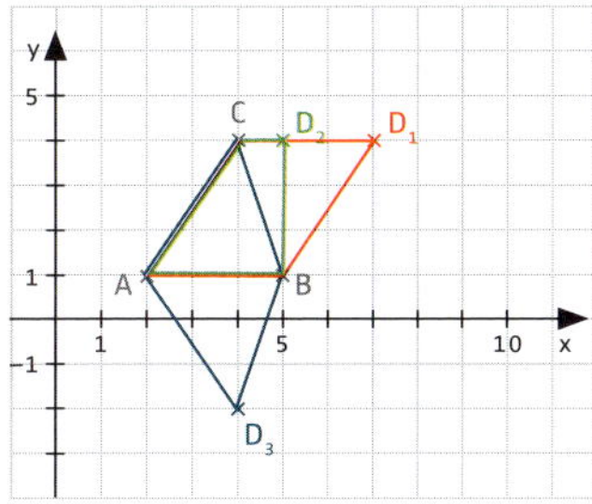

8 | → Seite 103

Wenn alle Seiten gleich lang sind.

9 | → Seite 103

a | ... die gegenüberliegenden Seiten gleich lang und nur rechte Winkel vorhanden sind.
b | ... alle Seiten gleich lang und die gegenüberliegenden Seiten parallel sind.
c | ... die gegenüberliegenden Seiten parallel sind.

10 | → Seite 103

$A_{Rechteck} = 4\text{ cm} \cdot 9\text{ cm} = 36\text{ cm}^2$
$A_{Quadrat} = 6\text{ cm} \cdot 6\text{ cm} = 36\text{ cm}^2$
Beide Flächen sind gleich groß.

11 | → Seite 103

a | nein; **b** | nein; **c** | nein; **d** | ja; **e** | nein;

12 | → Seite 104

a | $A_1 = 3\text{ cm} \cdot 3\text{ cm} = 9\text{ cm}^2$
b | $A_2 = 6\text{ cm} \cdot 6\text{ cm} = 36\text{ cm}^2$
Der Flächeninhalt wird vervierfacht.

13 | → Seite 104

$A = 2\text{ m} \cdot 16\text{ m}$; $A = 4\text{ m} \cdot 8\text{ m}$;
$A = 1\text{ m} \cdot 32\text{ m}$

14 | → Seite 104

7350 m²

15 | → Seite 104

A = 30 m²; 1 m² entspricht 25 Fliesen
→ 750 Fliesen für die ganze Fläche.

16 | → Seite 104
1 Wand: $A = 3\ m \cdot 2\ m = 6\ m^2$
4 Wände: $4 \cdot 6\ m^2 = 24\ m^2$
24 : 8 = 3; man braucht 3 Dosen.

17 | → Seite 104
$A_1 = 3\ m \cdot 1\ m = 3\ m^2$;
$A_2 = 2\ m \cdot 3\ m = 6\ m^2$;
$A = A_1 + A_2 = 9\ m^2$

18 | → Seite 104
$A_R = 4\ cm \cdot 16\ cm = 64\ cm^2$
$A_Q = 64\ cm^2$; $a = 8\ cm$

19 | → Seite 105
400 dm = 40 m; $A = 20\ m \cdot 40\ m = 800\ m^2$

20 | → Seite 105
$u \approx 9{,}8\ cm$

21 | → Seite 105
a | 100 m; **b** | 120 cm; **c** | 500 mm;
d | 260 km

22 | → Seite 105
u = 217 m

23 | → Seite 105
a | + **b** |

1. SEITE	2. SEITE	A
1 m	5 m	$5\ m^2$
2 m	4 m	$8\ m^2$
3 m	3 m	$9\ m^2$

24 | → Seite 105
$120\ m - (2 \cdot 40\ m) = 40\ m$; 40 m : 2 = 20 m
Die Fläche ist 20 m breit.

25 | → Seite 105
(1) u = 16 cm → a = 4 cm → $A = 16\ cm^2$
(2) u = 18 cm → b = 7 cm → $A = 14\ cm^2$
Das Quadrat ist größer.

26 | → Seite 105
u = 120 m

KÖRPER BERECHNEN

27 | → Seite 109
Würfelnetze sind **a** | und **d** |.

28 | → Seite 109

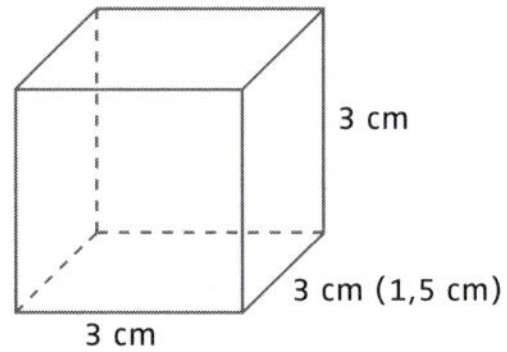

29 | → Seite 109

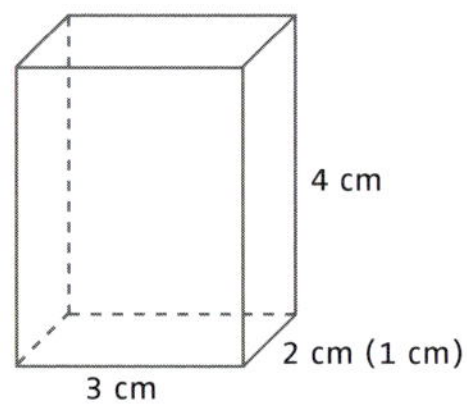

30 | → Seite 109

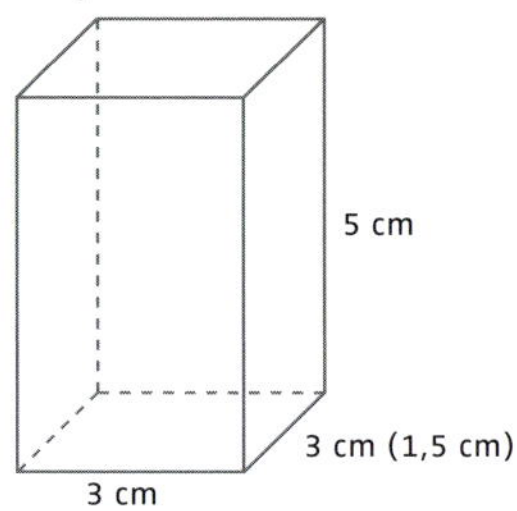

31 | → Seite 109
$O = 24\ cm^2 + 28\ cm^2 + 42\ cm^2 = 94\ cm^2$

32 | → Seite 109
$O = 2 \cdot 9\ cm^2 + 4 \cdot 15\ cm^2 = 78\ cm^2$

33 | → Seite 110
Quadernetze sind **a** |, **c** | und **d** |.

34 | → Seite 110
$O = 6 \cdot 25\ cm^2 = 150\ cm^2$

35 | → Seite 110
$O_W = 6 \cdot 36\ cm^2 = 216\ cm^2$
$O_Q = 2 \cdot (5\ cm \cdot 6\ cm) + 2 \cdot (5\ cm \cdot 7\ cm)$
$+ 2 \cdot (6\ cm \cdot 7\ cm) = 214\ cm^2$
Die Oberfläche des Würfels ist größer.

36 | → Seite 110

a | 1 kleiner Würfel hat eine Kantenlänge von 8 cm: $O = 6 \cdot 64\ cm^2 = 384\ cm^2$

b | 8 kleine Würfel: $O = 3072\ cm^2$

c | 1 kleiner Würfel: $V = 512\ cm^3$

d | Die 8 kleinen Würfel haben dasselbe Volumen wie der große: $4096\ cm^3$.

37 | → Seite 110

Man erhält einen Quader.

$O_W = 6\ a^2$; $O_Q = 2 \cdot 5a^2 = 10a^2$

Die Oberfläche ist um $4a^2$, also um das Vierfache der Seitenfläche, größer.

$O = 10 \cdot (3\ cm)^2 = 90\ cm^2$

Kantenlängen: 3 cm · 3 cm · 6 cm

38 | → Seite 111

a | $O = 2 \cdot 6\ cm \cdot 6\ cm + 4 \cdot 6\ cm \cdot 28\ cm$
$= 72\ cm^2 + 672\ cm^2 = 744\ cm^2$

b | $V = 6\ cm \cdot 6\ cm \cdot 28\ cm = 1128\ cm^3$
$= 1{,}008\ dm^3 \approx 1\ l$

39 | → Seite 111

$V = 4\ cm \cdot 6\ cm \cdot 7\ cm = 168\ cm^3$

40 | → Seite 111

$V = 3\ cm \cdot 3\ cm \cdot 5\ cm = 45\ cm^3$

41 | → Seite 111

$V = (4\ cm)^3 = 64\ cm^3$

42 | → Seite 111

$V_W = (6\ cm)^3 = 216\ cm^3$

$V_Q = 5\ cm \cdot 6\ cm \cdot 7\ cm = 210\ cm^3$

Das Volumen des Würfels ist größer.

43 | → Seite 111

Man erhält einen Quader, dessen Volumen doppelt so groß ist wie das des Würfels.

44 | → Seite 111

a | $O = 6 \cdot a^2$; $V = a^3$

b | $a \rightarrow 2a$; $O_2 = 6 \cdot (2a)^2 = 6 \cdot 4a^2 = 24a^2$

Die Fläche wird vervierfacht. .

c | $V = (2a)^3 = 8a^3$

Das Volumen wird verachtfacht.

REGISTER